鲜食葡萄标准化高效生产

技术大全（彩图版）

王海波　刘凤之　主编

中国农业出版社

主　编：王海波　刘凤之

副主编：王孝娣　史祥宾

编　者：（按姓氏笔画排列）

王孝娣　王志强　王宝亮　王海波

史祥宾　刘凤之　杜远鹏　郑晓翠

郝志强　施恢刚　冀晓昊　魏长存

前　言

　　葡萄是我国栽培的重要水果之一，截至2015年年底，我国葡萄栽培面积达79.9万公顷，产量1 366.9万吨，栽培面积居世界第二位，产量居世界首位（《中国农业年鉴2015》），我国已经成为世界葡萄生产大国。

　　我国地域辽阔，南北横跨寒温带、温带、亚热带、热带4个气候带，气候的多样性和地形的复杂性为葡萄种植提供了丰富的自然条件，形成了多个极具特色的葡萄种植区域，基本形成西北干旱新疆产区、黄土高原干旱半干旱产区（陕西、山西、甘肃、宁夏、内蒙古西部等地）、环渤海产区（山东、辽宁、河北等地）、黄河中下游产区（河南等地）、南方产区和西南产区（上海、浙江、湖南、湖北、云南、贵州、广西、四川等地）及以吉林长白山为核心的山葡萄产区等相对集中的7个集中栽培区。到目前为止，我国除香港、澳门外，各个省份都有葡萄的商品化种植，葡萄已经成为我国栽培分布最为广泛的果树之一。

　　我国葡萄栽培以鲜食葡萄为主，占栽培总面积的80%；酿酒葡萄约占15%，制干葡萄约占5%，制汁葡萄极少。近年来，随着国外优良品种的引进和我国自主知识产权品种的陆续推广，葡萄品种结构逐步改善。巨峰、夏黑、藤稔和京亚等欧美杂种，约占栽培总面积的49%，其中，巨峰因抗性强、果实风味浓郁，在我国东部环渤海产区和南方产区，仍然是鲜食品种中栽培面积最大的品种，约占葡萄栽培总面积的26.7%。红地球、无核白、玫瑰香、维多利亚、无核白鸡心、美人指、泽香、火焰无核和克瑞森无核等欧亚种约占栽培总面积的42%，其中，红地球约占23.3%、无核白约占10.6%。夏黑、87-1、瑞都香玉、瑞都翠霞、巨玫瑰、魏可（温克）、火焰无核（弗雷无核）、阳光玫瑰、金手指、克瑞森无核等品种近年栽培面积增长很快。

栽培模式多样化是我国葡萄产业的显著特点，栽培方式已从传统的露地栽培模式向现代高效设施栽培模式发展，如设施促成栽培、延迟栽培、避雨栽培和休闲观光高效栽培等多种模式，因此，葡萄栽培区域不仅扩大、延长了果品上市供应期，还显著提高了葡萄产业的经济效益和社会效益。

本书在编写过程中，注重把现代葡萄科技知识与应用技术融为一体，具有一定的科学性、先进性和实用性，适合作为现代农业产业技术推广人员和科技示范户的培训教材，亦可作为葡萄科技工作者、种植户和有关企业的技术参考用书。

由于笔者水平所限，书中错误和不足之处在所难免，敬请广大读者批评指正。

编　者
2017年6月

目 录

第一章 葡萄园园址选择与规划

第一节 葡萄园园址选择

在进行葡萄园园址选择时一般需考虑如下因素：土壤和环境条件、气候特点、生产目的、栽培模式、前茬作物。

一、根据土壤和环境条件选择园址

新建葡萄园之前，必须充分考虑葡萄生长对土壤和环境的需求，只有在满足葡萄生长发育所需的土壤和环境条件的园址建园，才能生产出优质的葡萄果品。

葡萄可以生长在各种各样的土壤中，如沙荒、河滩、盐碱地和山石坡地等（图1-1、图1-2），但是不同的土壤条件对葡萄的生长和结果有不同的影响。相同的葡萄品种，在相同的气候条件下，因为土质的不同可以表现出完全不同的风味。葡萄对土壤的适应性很强，除含盐量较高的盐土外，在各种土壤上都可正常生长，在半风化的含沙砾较多的粗骨土上也可正常生长，并可获得较高的产量。虽然葡萄的适应性较强，但不同品种对

图1-1 平地葡萄园

图1-2 山地葡萄园

土壤酸碱度的适应能力有明显的差异；一般欧洲种在石灰性的土壤上生长较好，根系发达，果实含糖量高、风味好，在酸性土壤上长势较差；而美洲种和欧美杂交种则较适应酸性土壤，在石灰性土壤上的长势就略差。土壤耕层厚度50厘米以上、土壤有机质含量1%以上、pH 6.0～7.5的土壤较适宜葡萄生长。此外，山坡地由于通风透光，产量和品质往往较平原地区的葡萄好。

除考虑葡萄的生物学习性对土壤和环境的要求外，还要考虑安全生产对土壤和环境条件的要求。只有按国家标准GB/T 1840.2—2001和农业行业标准NY/T 391—2000《绿色食品 产地环境技术条件》、NY 5087—2002《无公害食品 鲜食葡萄产地环境条件》的规定，由专业检测部门对初选园址的土壤、空气、灌溉水等进行检测，检测合格的园片方可选定为建园园址。NY/T 391—2000《绿色食品 产地环境技术条件》的具体标准见表1-1、表1-2和表1-3。

表1-1 环境空气质量要求

项　目	浓度限值	
	日平均	1小时平均
总悬浮颗粒物（标准状态）（毫克/米³）≤	0.30	—
二氧化硫（标准状态）（毫克/米³）≤	0.15	0.50
二氧化氮（标准状态）（毫克/米³）≤	0.12	0.24
氟化物（标准状态）（微克/米³）≤	7	20

注：日平均指任何1天的平均浓度；1小时平均指任何1小时的平均浓度。

表1-2 灌溉水质的标准

项　目		浓度限值
pH		5.5～8.5
总汞（毫克/升）	≤	0.001
总镉（毫克/升）	≤	0.005
总砷（毫克/升）	≤	0.1
总铅（毫克/升）	≤	0.1

（续）

项　目	浓度限值
挥发酚（毫克/升）　≤	1.0
氰化物（以 CN⁻ 计）（毫克/升）≤	0.5
石油类（毫克/升）　≤	1.0

表1-3　土壤环境质量要求

项　目	含量限值		
	pH<6.5	pH 6.5　7.5	pH>7.5
总镉（毫克/千克）≤	0.30	0.30	0.60
总汞（毫克/千克）≤	0.30	0.50	1.0
总砷（毫克/千克）≤	40	30	25
总铅（毫克/千克）≤	250	300	350
总铬（毫克/千克）≤	150	200	250
总铜（毫克/千克）≤		400	

注：表内所列含量限值适用于阳离子交换量＞5厘摩/千克的土壤，若≤5厘摩/千克，其含量限值为表内数值的半数。

二、根据气候特点选择园址

建园前，还要考虑当地的气候，如当地的年平均降水量、极端低温、极端高温、最低温月份的平均温度、最高温月份的平均温度和一年内≥10℃的积温等，是否适合拟发展葡萄品种的生长发育。

露地葡萄经济栽培区的活动积温（≥10℃日均温的累积值）一般不能少于2 500℃，即使在这样的地区，也只能栽培极早熟或早熟品种。根据许多科学家大量的研究证实，不同品种从萌芽至浆果成熟所需的≥10℃活动积温不同，极早熟品种需2 100～2 500℃，早熟品种需2 500～2 900℃，中熟品种需2 900～3 300℃，晚熟品种需3 300～3 700℃，极晚熟品种需3 700℃以上。

三、根据生产目的选择园址

建园前选择园址时还要考虑果品用途。若用于鲜食，应把葡萄园建在城市近郊或靠近批发市场或冷库附近，这样既能利用节假日举行观光采摘（图 1-3），又能避免长途运输，减少损失；若用于制汁，应把果园建在果汁厂附近或从园址到加工厂之间要有平坦通畅的公路，便于采收运输。

图1-3 观光采摘 休闲旅游

四、根据前茬种植的作物种类选择园址

前作调查即调查前茬种植的作物是否与葡萄有忌避或重茬。例如，长期种植花生、甘薯、芹菜或者番茄、黄瓜等容易感染根结线虫的作物，要察看作物根系上是否有根结或腐烂；再有，如果长期种植葡萄等果树也容易产生重茬障碍或毒害，最好先种两年豆科作物或其他绿肥进行土壤改良。此外，还要调查周边的防风林或自然植被，看是否有与葡萄共生的病虫害等的发生。

第二节　葡萄园规划与设计

建立大型葡萄生产基地，在正确、合理地选择园址后，还要进行科学的规划和设计，使之充分利用土地资源，符合现代化的管理模式，减少投资，提早投产，提高果实质量和产量，可持续创造较理想的经济效益和社会效益。

一、准备工作

首先，搜集本地区的气象、水文、地质和果树资源等生态环境资料，然后到现场实地勘察，对地形、地貌、土壤、电源、水源和交通等情况进行详细调查，为绘制果园平面图和地形图打下基础；其次，对国内外市场进行调查，了解国内外畅销的鲜食品种和加工的产品，筛选适合当地发展的葡萄品种；再次，掌握本地区葡萄的贮藏加工和交通运输能力及当地的社会购买力等情况；最后，收集或测绘本地区的地形图并详细调查水源和社会劳动力等情况。

二、园地规划与设计

（一）电源和水源

在选择葡萄园地时，首先考虑电、水源的问题。无论是提引河水、打井提水，还是冷库，都离不开电源，所以，电力建设是重中之重。葡萄生长期需水量较大，大面积发展葡萄生产必须具有充足的水源，靠近江、河、湖、水库或能打井取水，水质要适合葡萄生产的需要。

（二）田间区划

对作业区面积大小、道路、灌排水渠系网和防风林都要统筹安排，根据园区经营规模、地形、坡向和坡度，在地形图上进行细致规划。作业区面积大小要因地制宜，平地20～30公顷为一个小区，4～6个小区为一个大区，小区以长方形为宜，长边与葡萄行向一致，以便于田间作业；山地以10~20公顷为一个小区，以坡面等高线为界，决定大区的面积。小区的边长应与等高线平行，有利于灌、排水和机械作业。

（三）道路系统

根据葡萄园总面积和地形、地势来决定道路等级。对于100公顷以上的大型葡萄园及观光采摘园，由主道、支道和田间作业道3级组成。主道设在葡萄园的中心，与园外公路相连接，贯通园内各大区和主要管理场所，并与各支道相通，组成园内交通运输网。要求能对开两排载重汽车或农用拖拉机，再加上路边的防风林，一般道宽8~10米，山地的主道可环山呈"之"字形建筑，上升的坡度宜小于7°。支道设在小区的边界，一般与主道垂直连接。田间作业道是临时性道路，多设在葡萄行间的空地，一般与支道垂直连接。随着标准化种植管理水平的提高和人工成本的节节攀升，机械化作业是发展大趋势，因此，无论支道还是田间作业道都不宜太窄，最好宽4米以上，为了提高利用效率，可设置棚架，占天不占地，给作业机械留足转弯半径，以便进行机械化作业。

（四）灌水、排水系统

随着全球气候变暖，异常天气频繁发生，旱和涝瞬间转换，因此，大规模葡萄园既需要设置灌溉系统，也需要设置排水系统。灌、排系统一般由主管道、支管道和田间管道3级组成。各级管道多与道路系统相结合，一般在道路的一侧为灌水管道，另一侧为排水管道，灌排水系统采用管道形式比传统的渠道灌排水系统节电、省水，效果更佳。南方地下水位高，需要修台地，可利用明沟或埋暗管排水。在水资源短缺的地区，可在低洼处修建池塘或水窖拦截存积雨水，流经过葡萄园的雨水携带大量氮、磷、钾元素，有时候可达到施肥量的1/3，因此，利用雨水灌溉一举两得。

（五）防风林

防风林又称为防护林，其主要作用为：①防风，减少季风、台风的危害；②阻止冷空气，减少霜冻的危害；③调节小气候，减少土壤水分蒸发，增加大气湿度；④增加葡萄园多样性，增加有益生物的同时减少有害生物的侵染。因此，在绿色果品特别是有机栽培的葡萄园，要求至少有5%以上的园区面积是天然林或种植其他树木。防风林最好与道路结合，主林带要与当地主风向垂直，防风林带的防风距离为林带高度的20倍左右，一般乔木树高为8～10米，所以，主林带之间距离多为400～500米，副林带间的距离为200～400米。林带树种以乔、灌混栽组成透风型的防风林，防风效果较好。主林带栽5～7行，约10米宽；副林带为3～4行，约6米宽。防风林常用的乔木树种为杨树、旱柳、榆树、松柏、泡桐等，灌木树种有枸橘、紫穗槐、杞柳、荆条、花椒树等。应注意避免种植易招引葡萄共同害虫的树木，如在斑衣蜡蝉发生严重的地区，需要刨除斑衣蜡蝉的原寄主臭椿，也避免种植易招惹斑衣蜡蝉的香椿、刺槐、苦楝等。

（六）配套设施

大型葡萄园里设有办公室、作业室、农机库、贮藏冷库、水泵房、职工宿舍和畜禽舍等。

第二章　品种与砧木选择

第一节　主要优良品种

葡萄生产成功与否的关键因素之一是品种选择。目前，鲜食葡萄品种日新月异，新品种不断地引进和培育，品种更新速度加快，周期缩短。品种虽多，但不是任何品种都适合当地葡萄生产。各地葡萄生产都陆续栽植了不少新品种葡萄，由于选择不当，成花难、产量低、品质差的问题十分突出。因此，选择不同成熟期、色泽各异的适栽优良品种是当前葡萄生产的重要任务。目前，鲜食葡萄生产中主要有香妃、红香妃、京秀、瑞都香玉、瑞都脆霞、早黑宝、早康宝、夏至红、京蜜、京香玉、红双味、贵妃玫瑰、京玉、绯红、矢富罗莎、87-1、华葡紫峰、奥古斯特、维多利亚、玫瑰香、金手指、极高、里扎马特、克林巴马克、牛奶、美人指、秋红宝、泽香、泽玉、红地球、意大利、达米娜、奥山红宝石、亚历山大、秋黑、秋红、摩尔多瓦、申丰、申宝、醉金香、巨玫瑰、霞光、红富士、藤稔、巨峰、华葡玫瑰、峰后、华葡黑峰、红瑞宝、高妻、爱神玫瑰、京早晶、火焰无核、无核白鸡心、无核白、丽红宝、瑞都无核怡、红宝石无核、华葡翠玉、克瑞森无核、夏黑、月光无核、沪培1号、阳光玫瑰、黑巴拉多、瑞锋无核等优良品种，现选择部分优良品种简介如下。

一、欧美杂种

（一）巨峰

1. 特征特性　欧美杂种，原产日本（图2-1）。果穗大，最大可达2 000克以上；果粒椭圆形，平均重9～12克；果皮厚，紫黑色，易剥皮，果粉中等厚；肉软多汁，有肉囊，味酸甜，有草莓香味，可溶性固形物含量17%～19%，果实耐贮不耐运。树势强，副梢结实力强。北京地区9月初充分成熟。抗病能力强，抗性强。

图2-1 巨 峰

2.农艺性状 栽培不当时落花落果严重，所以栽培上提高坐果率是成功与否的关键。①科学施肥。当新梢直径超过1.5厘米时不易形成花芽、坐果差，所以首先要控制氮肥的施用，防止树体生长过旺。②摘心。开花前对果枝进行摘心，摘心不宜过重或过轻，过重则容易产生大小粒，过轻则起不到提高坐果率的作用，以果穗以上留5片叶左右为宜。③花序整形。去掉副穗和花序基部的小分枝，保留3.5～6.5厘米的穗尖，这样能使开花时营养供应集中，提高坐果率，并使果穗紧凑。④疏粒。坐果后，再进行适当疏果，疏去小粒和果穗内部的果粒，每一果穗留30～50个果粒即可。适宜栽植区域广，是目前我国栽培面积最大的品种，花期高温干旱的新疆等西北地区表现不好。

（二）京亚

1.特征特性 欧美杂种，四倍体（图2-2）。中国科学院北京植物园从黑奥林的实生后代中选出的大粒早熟品种。果穗圆锥形或圆柱形，少有副穗，平均穗重478克，最大1 070克；果粒椭圆形，着生中等或紧密，平均粒重10.84克，最大粒重20克。果皮中等厚，紫黑色，果粉厚；果肉较软，味酸甜，果汁多，微有草莓香味；有1～2粒种子；可溶

图2-2 京 亚

性固形物含量13.5%～19.2%，含酸量0.65%～0.90%，品质中等。北京地区8月上旬果实成熟。生长势较强，抗病力强，丰产，果实着色好，不裂果，经赤霉素处理可获得100%的无核果。

2.农艺性状 棚、篱架均可栽培，栽培容易。喜肥水；由于上色快、退酸慢，应在着色以后30天左右采收。适宜栽植区域广，花期高温干旱的新疆等西北地区表现不好。

（三）醉金香

1.特征特性 果穗圆锥形，紧凑，平均穗重800克，最大可达1 800克；果粒倒卵形，平均粒重13.0克，最大粒重19.0克；果皮中厚，充分成熟时金黄色，果粉中多；果皮与果肉易分离，果肉与种子易分离；果汁多，无肉囊，香味浓，含糖量16.8%，含酸量0.61%，品质上等（图2-3）。辽宁沈阳地区5月上旬萌芽，6月上旬开花，9月上旬浆果充分成熟，成熟一致，大小整齐，从萌芽至果实充分成熟约126天，需有效积温2 800℃。对霜霉病和白腐病等真菌性病害具有较强抗性。

图2-3 醉金香

2.农艺性状 适宜棚架或篱架栽培，中、短梢混合修剪。幼树期要使树势强健而不徒长，促进营养生长与生殖生长的平衡；结果后要保持肥水充足，特别要重视秋施有机肥，氮肥要适量，多施磷肥和钾肥。适宜栽植区域广，花期高温干旱的新疆等西北地区表现不好。

（四）巨玫瑰

1.特征特性 欧美杂种，四倍体，大连农业科学院园艺研究所用沈阳大粒玫瑰香和巨峰杂交育成（图2-4）。果穗

图2-4 巨玫瑰

圆锥形，平均穗重514克，最大800克；果粒椭圆形，平均粒重9克，最大粒重15克；果皮中等厚，紫红色，果粉中等厚；果肉柔软多汁，果肉与种子易分离，无明显肉囊，具有较浓的玫瑰香味，可溶性固形物含量18%，品质上等；每果粒含种子1～2粒。辽宁省大连地区9月上旬果实成熟。植株生长势强，抗病，品质优良。

2.农艺性状 适于棚架栽培，中、短梢修剪。幼树期要培养健壮树势，调整好生长与结果的关系，进入结果期后要注重秋施基肥，合理控制产量，以维持健壮的树势。套袋栽培以提高果品质量。适宜栽植区域广，花期高温干旱的新疆等西北地区表现不好。

（五）藤稔

1.特征特性 欧美杂种，原产日本（图2-5）。果穗圆锥形，平均穗重300～400克，果粒着生较疏松；果粒近圆形，平均粒重16～22克；果皮厚，紫黑色，易与果肉分离；肉质较紧，果汁多，可溶性固形物含量15%左右，略有草莓香味，品质一般。北京地区8月下旬成熟，裂果少，不脱粒。

2.农艺性状 于坐果后幼果黄豆粒大小时用赤霉素等植物生长调节剂浸蘸果穗，可得到近30克的巨大型果，但同时需花序整形，坐果后每一果穗只留30个果粒，同时加强肥水。自根苗生长较缓慢，应选择发根容易、根系大、抗性强的砧木进行嫁接栽培。适宜栽植区域广，花期高温干旱的新疆等西北地区表现不好。

（六）夏黑

1.特征特性 三倍体品种，欧美杂种，原产日本（图2-6）。自然状态下落花落果重，果穗中等

图2-5 藤 稔　　图2-6 夏 黑

紧密，果粒近圆形，粒重3克；赤霉素处理后坐果率提高，果粒着生紧密或极紧密，平均穗重608克，最大穗重940克，平均粒重7.5克，最大粒重12克。果皮厚而脆，无涩味，紫黑色至蓝黑色，颜色浓厚，着色容易；果粉厚，果肉硬脆，无肉囊，可溶性固形物含量20%～22%，味浓甜，有浓郁草莓香味。无籽。北京地区8月中旬成熟。树势强，抗病力强，不裂果。

2. 农艺性状　盛花和盛花后10天用25～50毫克/升的赤霉素处理2次，栽培容易。适宜栽植区域广，花期高温干旱的新疆等西北地区表现不好。

（七）阳光玫瑰

1. 特征特性　欧美杂种，原产日本（图2-7）。果穗圆锥形，穗重600克左右，大穗可达1800克左右，平均果粒重8～12克；果粒着生紧密，椭圆形，黄绿色，果面有光泽，果粉少；果肉鲜脆多汁，有玫瑰香味，可溶性固形物含量20%左右，最高可达26%，鲜食品质极优。该品种可以进行无核化处理，即在盛花期和花后10～15天利用25毫克/升赤霉素进行处理，使果粒无核化并使果粒增重1克左右。

图2-7　阳光玫瑰

2. 农艺性状　植株生长旺盛，中、短梢修剪。避雨栽培条件下，江苏地区一般3月中上旬萌芽，5月初进入初花期，5月上中旬盛花期，6月上旬开始第一次幼果膨大，7月中旬果实开始转色，8月初开始成熟。与巨峰相比，该品种较易栽培，挂果期长，成熟后可以在树上挂果长达2～3个月；不裂果，耐贮运，无脱粒现象；较抗葡萄白腐病、霜霉病和白粉病，但不抗葡萄炭疽病。适宜栽植区域广，花期高温干旱的新疆等西北地区表现不好。

（八）华葡玫瑰

1. 特征特性　欧美杂种，四倍体（图2-8）。中国农业科学院果树研究所以巨峰为母本、大粒玫瑰香为父本杂交育成。单粒重10克左右，单穗重550克左右，可溶性固形物含量18%左右，果肉软至硬脆，淡玫瑰香和草莓香混合风味，耐贮运，不裂果。

图2-8 华葡玫瑰

A.一次果 B.二次果

2.农艺性状 植株长势偏旺，适宜棚架栽培，极易成花，需控制产量，中、短梢修剪，二次结果能力强，可一年两收。辽宁兴城地区6月上旬开花，9月中下旬果实成熟，果实发育期100～110天，属中熟品种。该品种可以进行无核化处理，即在盛花期和花后10～15天利用25毫克/升赤霉素进行处理，使果粒无核化。适宜栽植区域广，花期高温干旱的新疆等西北地区表现不好。

（九）华葡黑峰

1.特征特性 欧美杂种，中国农业科学院果树研究所从高妻实生后代中选出的优良中早熟品种（图2-9）。单粒重10克左右，单穗重600克左右，可溶性固形物18%左右，果肉多汁，浓草莓香味，耐贮运，不裂果。

2.农艺性状 植株长势偏旺，适宜棚架栽培，极易成花，需控制产量，中、短梢修剪，二次结果能力强，可一年两收。辽宁兴城地区6月上旬开花，9月上旬果实成熟，果实发育期90天左右。该品种可以进行无核化处理，即在盛花期和花后10～15天利用25毫克/升赤霉素进行处理，使果粒无核化。适宜栽植区

图2-9 华葡黑峰

域广，花期高温干旱的新疆等西北地区表现不好。

二、欧亚种

（一）红地球

1. 特征特性 欧亚种，原产美国，又名晚红、大红球、红提等（图2-10）。果穗长圆锥形，穗重800克以上；果粒圆形或卵圆形，着生中等紧密，平均粒重12～14克，最大粒重22克；果皮中厚，暗紫红色；果肉硬、脆，味甜，可溶性固形物含量17%。北京地区9月下旬成熟。树势较强，丰产性强，果实易着色，不裂果，果刷粗长，不脱粒，果梗抗拉力强，极耐贮运。但抗病性较弱，尤其易感黑痘病和炭疽病。

图2-10 红地球

2. 农艺性状 适于棚架栽培，龙干形整枝。幼树新梢不易成熟，在生长中后期应控制氮肥，少灌水，增补磷、钾肥。开花前对花序整形，去掉花序基部大的分枝，并每隔2～3个分枝掐去1个分枝，坐果后再适当疏粒，每一果穗保留60～80个果粒。注意病虫害的防治。适于干旱、半干旱地区栽培，其他地区宜避雨栽培。

（二）87-1

1. 特征特性 欧亚种（图2-11）。从辽宁省鞍山市郊区发现，玫瑰香早熟芽变。果穗圆锥形，平均穗重600克，最大穗重800克；果粒短椭圆形，着生中密，平均粒重5.5克，最大粒重8

图2-11 87-1

克；果皮紫黑色，果肉硬而脆，汁中味甜，可溶性固形物含量13%～14%，有浓玫瑰香味，品质佳。北京地区8月上旬浆果完全成熟。生长势强、抗病、适应性强。

2.农艺性状 适宜排水良好、肥沃的沙壤土栽植。以基肥为主，追肥为辅；磷、钾肥为主，氮肥为辅的原则施肥。控制每667米^{2}产量在1 500～1 700千克。适于干旱、半干旱地区栽培，其他地区宜避雨栽培，非常适合设施栽培。

（三）维多利亚

1.特征特性 欧亚种，原产罗马尼亚（图2-12）。果穗圆锥形或圆柱形，平均穗重507克；果粒长椭圆形，绿黄色，着生中等紧密，平均粒重7.9克，最大粒重15克；果肉硬而脆，味甜爽口，可溶性固形物含量16%，含酸量0.4%；成熟后不易脱粒，挂树期长，较耐贮运。北京8月上中旬果实成熟。生长势较旺，丰产性强；抗白粉病和霜霉病能力较强，抗旱、抗寒力中等。

图2-12 维多利亚

2.农艺性状 篱架或小棚架栽培均可，中、短梢混合修剪。易过产，需严格控制负载量。适于干旱、半干旱地区栽培，其他地区宜避雨栽培，设施栽培表现好。

（四）玫瑰香

1.特征特性 欧亚种，原产英国（图2-13）。果穗圆锥形或分枝形，平均穗重350克；果粒近圆形，着生中等紧密，平均重4.5～5.1克；果皮紫红色，中等厚，易剥皮；果粉厚，果

图2-13 玫瑰香

肉较脆，味酸甜，有浓郁的玫瑰香味，可溶性固形物含量15%～19%，品质上等。北京地区，8月下旬浆果成熟，从萌芽至浆果成熟需140天左右。植株生长势中等，成花能力极强，丰产性强，抗性中等。

2. 农艺性状 适于中、短梢混合修剪。适当控制产量，每一果枝留一穗果，每一果穗留60～70个果粒。花前要进行果枝摘心（花序以上留5～8片叶）和花序整形（掐去副穗和穗尖），坐住果后疏去多余果粒，尤其要注意疏除小果粒，使果粒大小整齐。近年来，由于过于追求高产、长期无性繁殖及病毒感染等原因，有品质退化现象。所以，在今后的玫瑰香栽培中，应注意引进优质种苗，并进行科学的标准化生产栽培。适于干旱、半干旱地区栽培，其他地区宜避雨栽培，设施栽培表现好。

（五）早黑宝

1. 特征特性 欧亚种，山西省果树研究所1993年以瑰宝为母本、早玫瑰为父本杂交后代经秋水仙碱处理加倍而成的四倍

体品种，2001年通过山西省农作物品种审定委员会审定（图2-14）。果穗圆锥形带歧肩，平均穗重430克；果粒短椭圆形，平均粒重7.5克，最大粒重10克，果皮紫黑色，较厚而韧。果肉较软，可溶性固形物含量15.8%，完全成熟时有浓郁的玫瑰香味。品质上等。在山西晋中地区7月底成熟。树势中庸，节间中等长，副梢结实力中等，丰产性及抗病性强。

图2-14 早黑宝

2. 农艺性状 树势中庸，适宜中、短梢混合修剪，以中梢修剪为主。花序多，果穗大，坐果率高，应控制负载量，粗壮结果枝留双穗，中庸结果枝留单穗，弱枝不留穗。因果粒着生较紧，应进行疏花与整穗。另外，该品种在果实着色阶段，果粒增大特别明显，因此要注意着色前

的肥水管理以防止裂果。适于干旱、半干旱地区，其他地区宜避雨栽培。

（六）绯红

1.**特征特性**　欧亚种，原产美国（图2-15）。果穗圆锥形，无副穗，平均穗重374.4克，最大穗重600克；果粒椭圆形，着生中等紧密，紫红色至红紫色，平均粒重7.73克，最大粒重11.2克；果皮薄，较脆，无涩味，果粉薄，果肉

图2-15　绯　红

较脆，味酸甜，无香味，可溶性固形物含量为15.2%，鲜食品质中上等。北京地区，8月上旬浆果成熟，从萌芽至浆果成熟需118天。植株生长势较强，丰产，抗病力中等，果实成熟期裂果较重。

2.**农艺性状**　棚篱架栽培，长、中、短梢修剪均可。生长季多雨时注意防治霜霉病，果实成熟期注意防止裂果，可采取铺地膜、滴灌等方法改善土壤水分供应状况。花期前后适当疏花疏果。适于在干旱、半干旱地区栽培或进行设施栽培。

（七）美人指

1.**特征特性**　欧亚种，原名意指"涂了指甲油的手指"，根据其果粒形状和中国人的习惯，译为"美人指"，又名染指、脂指、红指，原产日本（图2-16）。果粒长椭圆形，先端尖，最大粒重13克，纵径约是横径的2.2倍，果粒基部（近果梗处）为浅粉色，往端部（远离果梗）逐渐变深，到先端为

图2-16　美人指

紫红色，恰似年轻女士在手指甲处涂上了红色指甲油的感觉，非常美丽，故而得名。果实9月中下旬成熟，可溶性固形物含量为18%～19%，到10月可达19%；无香味，酸甜适度，口感甜爽、肉质脆硬；果皮较韧，不裂果，不脱粒。树势强，植株生长结果习性近似于中国的品种牛奶葡萄，但生长更旺；抗病性较差。

2. 农艺性状 适宜棚架，应适当控制树体的营养生长，必要时可采用生长抑制剂进行生长调控，以提高植株成花率。栽培上应注意对白腐病等病害的防治。适于干旱、半干旱地区，其他地区宜避雨栽培。

（八）泽香

1. 特征特性 欧亚种，别名大泽山2号，平度市洪山园艺场邵纪远、周君敏于1956年用玫瑰香×龙眼杂交育成，并于1979年发表（图2-17）。果穗圆锥形，无副穗，大小较整齐，平均穗重533克，最大穗重1 500克；果粒卵圆形至圆形，着生紧密，黄色，着色一致，成熟一致，平均粒重6克，最大粒重10克；果皮中等厚，较韧，无涩味；果粉中等厚；果肉较脆，无肉囊，果汁多，绿色，味极甜，有较浓的玫瑰香味，可溶性固形物含量为19%～21%，总糖含量为18.44%，可滴定酸含量为0.39%，出汁率为78%～81%，鲜食品质上等，果实耐贮存；每果粒含种子1～4粒，多为3粒。种子椭圆形，中等大，棕褐色，外表无横沟，种脐突出；种子与果肉不易分离；无小青粒。山东平度地区4月10日萌芽，5月25日开花，9月25日果实成熟。抗寒、抗旱、抗高温和抗盐碱能力均强，抗涝性中等；抗白腐病、黑痘病、灰霉病、穗轴褐枯病能力强，抗霜霉病、白粉病能力弱，尤其不抗炭疽病；抗虫性中等。

图2-17　泽　香

2.农艺性状　植株生长势极强。隐芽萌发力中等，副芽萌发力强，早果性强。结果母枝适合长、中、短梢修剪，以中梢修剪为主。留梢密度以棚架8～10梢/米^2、篱架10～12梢/米^{2}为宜。新梢上留单穗果为主，为了提高鲜食品质，进行果穗整形和果粒疏除，每穗果粒宜留80～100粒，穗重保持在500克左右。适于干旱、半干旱地区，其他地区宜避雨栽培。

（九）火焰无核

1.特征特性　欧亚种，别名早熟红无核、红珍珠、弗雷无核、红光无核，原产美国，美国FRESNO园艺试验站杂交选育，1973年发表（图2-18），1983年由美国引入辽宁沈阳。果穗长圆锥形，平均穗重400克，浆果着生中等紧密；平均粒重3.0克，用赤霉素处理可增大至6克左右；果皮薄，果皮鲜红或

图2-18　火焰无核

紫红色，果粉中等厚；果肉硬而脆，果汁中等多、味甜，含糖量16%，含酸量1.45%。无种子。河北涿鹿地区4月底至5月上旬萌芽，6月上旬开花，8月上旬成熟，生长天数115天。植株生长势强，早熟，品质优。耐贮运和商品货架期长。是很有发展前途的无核早熟鲜食品种。

2.农艺性状　植株生长势强，芽眼萌芽率高，抗病力和抗寒力较强。宜小棚架或Y形、篱架栽培，以中、短梢混合修剪为主。注意控制负载量，适量施用氮肥，并重视磷、钾肥和微量元素肥料的施用，以促进早熟和提高果实品质。适于干旱、半干旱地区，其他地区宜避雨栽培。

（十）无核白鸡心

1.特征特性　欧亚种，原产美国（图2-19）。果穗圆锥形，一般穗重500克以上；果粒略呈鸡心形，平均粒重5～6克，若

图2-19 无核白鸡心

用赤霉素处理，粒重可增大至10克左右；果皮薄而韧，淡黄绿色，很少裂果；果肉硬而脆，略有玫瑰香味，香甜爽口，含糖量15%左右，果实耐贮运性。北京果实8月上旬成熟。树势强，丰产性也强，抗病力中等，果实制干性能也较好。

2.农艺性状 宜棚架栽培，适当稀植，注意肥水均衡供应，少施氮肥；注意白腐病的防治。适于干旱、半干旱地区，其他地区宜避雨栽培。

（十一）无核白

1.特征特性 欧亚种，原产中亚和近东一带，在我国已有非常悠久的栽培历史（图2-20）。果穗中长圆锥形或分枝形，有歧肩，平均穗重350克，果粒着生中等紧密；果粒椭圆形，平均粒重1.4～1.8克；果皮薄，黄绿色，不易与果肉分离；果肉脆，味甜，可溶性固形物含量为21%～24%，品质上等。无核，食用非常方便，制干率为23%～25%。新疆吐鲁番地区8月下旬浆果成熟，从萌芽至浆果成熟需140天左右。植株生长势强，抗寒性和抗病性均较差。

2.农艺性状 适于干旱、半干旱地区，目前主要在西北干旱地区大量栽培，用于鲜食和晾制葡萄干。宜棚架栽培。

（十二）克瑞森无核

1.特征特性 欧亚种，原产美国，别名绯红无核、淑女红，1998年引入我国（图2-20）。果穗圆锥形，有歧肩，平均穗重500克；果粒椭圆

图2-20 无核白

形，果皮中厚，红色至紫红色，具白色较厚的果粉，平均粒重4克，可溶性固形物含量19%，品质上等，不易落粒。北京地区9月下旬成熟，果实耐贮运。

2.农艺性状 该品种宜用棚架或T形宽篱架栽培，中、短梢结合修剪。结果后可采用环剥与赤霉素处理等方法促进果粒增大。适合在无霜期长的干旱、半干旱地区栽培，其他地区宜避雨栽培。

（十三）华葡紫峰

1.特征特性 欧亚种，是中国农业科学院果树研究所于2000年以87-1（玫瑰香早熟芽变）为母本，以绯红为父本杂交育成（图2-21）。需冷量约600小时，属低需冷量葡萄品种。自然果穗圆锥形，有副穗，单穗重800克左右；果粒着生紧密，近圆形，疏粒后单粒重8克左右，果皮紫红至紫黑色，果粉中厚，皮薄肉硬，质地细脆，有淡玫瑰香味，可溶性固形物含量17.0%～19.0%，耐贮运，不裂果。果实成熟后挂果可延到10月下旬仍不变软、不落粒。

图2-21 克瑞森无核

2.农艺性状 树势中庸，新梢管理省工；萌芽率高，极易成花，副梢结实力较强，可二次结果。华葡紫峰对设施的弱光、低浓度CO_2和高温适应性强，非常适合设施促早栽培环境，是很有发展前途的早熟品种之一。在辽宁兴城地区5月初萌芽，6月中旬开花，8月中下旬果实成熟，果实发育期60～70天，属早熟品种。适于干旱、半干旱地区，其他地区宜避雨栽培。

（十四）华葡翠玉

1.特征特性 欧亚种，中国农业科学院果树研究所以红地球为母本，玫瑰香为父本杂交育成（图2-23）。单粒重10克左

图2-22　华葡紫峰

图2-23　华葡翠玉

右，单穗重800克左右，可溶性固形物含量16%左右，果肉硬脆，淡玫瑰香味，耐贮运，不裂果。

2.农艺性状　植株长势偏旺，适宜棚架栽培，极易成花，需控制产量，中、短梢修剪，二次结果能力强，可一年两收。辽宁兴城地区6月上旬开花，10月上旬果实成熟，果实发育期120天左右，属晚熟品种。适于干旱、半干旱地区，其他地区宜避雨栽培。

第二节　主要优良砧木

一、SO4

由德国从Telekis的BerlandieriripariaNo.4中选育而成。SO4即Selection Oppenheim No.4的缩写，是法国应用最广泛的砧木。现在中国农业科学院果树研究所已引入（图2-24）。

（一）植物学识别特征

嫩梢尖茸毛白色，边缘桃红色。幼叶丝毛，绿带古铜色。

图2-24 SO4

成龄叶片楔形，色暗黄绿，皱折，边缘内卷，叶柄洼幼叶时呈V形，成龄叶片后变U形，基脉处桃红色，叶柄及叶脉有短茸毛。雄性不育。新梢棱形，节紫色，有短毛，卷须长而且常分三叉。成熟枝条深褐色，多棱，无毛，节不显，芽小而尖。

（二）农艺性状

抗根瘤蚜，抗根结线虫，抗17%活性钙，耐盐性强于其他砧木，抗盐能力可达到0.4%，抗旱性中等，耐湿性在同组内较强，抗寒性较好，在辽宁兴城地区一年生扦插苗冬季无冻害。生长势较旺，枝条较细，嫁接品种产量高，但成熟稍晚，有小脚现象。产枝量高。枝条成熟稍早于其他TELEKl系列，生根性好，田间嫁接成活率95%，室内嫁接成活率亦较高，发苗快，苗木生长迅速。SO4抗南方根结线虫，抗旱、抗湿性明显强于欧美杂交品种自根树，树势旺，建园快，结果早。

二、5BB

奥地利育成，源于冬葡萄实生。中国农业科学院果树研究所已引入（图2-25）。

图2-25　5BB

（一）植物学识别特征

嫩梢尖弯钩状，多茸毛，边缘桃红色。幼叶古铜色，披丝毛。成龄叶片大，楔形，全缘，主脉齿长，边缘上卷，叶柄洼拱形，叶脉基部桃红色，叶柄有毛，叶背几乎无毛，锯齿拱圆宽扁。雌花可育，穗小，小果粒黑色圆形。新梢多棱，节酒红色有茸毛。成熟枝条米黄色，节部色深，节间中长，直，棱角明显，芽小而尖。

（二）农艺性状

抗根瘤蚜能力极强，抗线虫、抗石灰质较强，可耐20%活性钙。耐盐性较强，耐盐能力达0.32%～0.39%；耐缺铁失绿症较强，根系可忍耐–8℃的低温，抗寒性优于SO4，仅次于贝达，在辽宁兴城地区一年生扦插苗冬季无冻害。5BB长势旺盛，根系发达，入土深，生活力强，新梢生长极迅速。产条量大，易生根，利于繁殖，嫁接状况良好。扦插生根率较好，室内嫁接成活率较高，但与品丽珠、莎巴珍珠和哥伦白等品种亲和力差。生长势旺，使接穗生长延长，适于北方黏湿钙质土壤，不适于太干旱的丘陵地。5BB砧木繁殖量在意大利占第一位，占年育苗总量的45%，也是法国、德国、瑞士、奥地利、匈牙利等国的主要砧木品种。近年在我国试栽，表现抗旱、抗湿、抗寒、抗南方根结线虫，生长量大，建园快。

三、420A

法国用冬葡萄与河岸葡萄杂交育成。中国农业科学院果树研究所已引入（图2-26）。

图2-26　420A

（一）植物学识别特征

梢尖有茸毛，白色，边缘玫瑰红。幼叶有网纹状茸毛，浅黄铜色，极有光泽。成龄叶片楔形，深绿色，厚，光滑，下表面有稀茸毛。叶片裂刻浅，新梢基部的叶片裂刻深。锯齿宽，凸形。叶柄洼拱形。新梢有棱纹，深绿色，节自基部至顶端颜色变紫，节间绿色。枝蔓有细棱纹，光滑无毛。枝条浅褐色或红褐色，有较黑亮的纵条纹。节间长，细。芽中等大。雄花。

（二）农艺性状

极抗根瘤蚜，抗根结线虫，抗石灰性土壤（20%）。生长势偏弱，但强于光荣、河岸系砧木。喜轻质肥沃土壤，有抗寒、耐旱、早熟、品质好等特点，常用于嫁接高品质酿酒葡萄或早熟鲜食葡萄。田间与品种嫁接成活率98%。一年生扦插苗在辽宁兴城可露地越冬。

四、5C

匈牙利用伯兰氏葡萄与河岸葡萄杂交育成（图2-27）。

图2-27　5C

（一）植物学识别特征

植株性状与5BB相近，但生长期短于5BB。

（二）农艺性状

适应范围广，耐旱、耐湿、抗寒性强，并耐石灰质土壤。对嫁接品种有早熟、丰产作用，也有小脚现象。中国农业科学院果树研究所已引入。在辽宁兴城扦插苗冬季无冻害。在德国、瑞士、意大利、卢森堡应用较多，法国有33万公顷苗木繁殖用于供应出口。

五、3309C

美洲种群内种间杂种，由法国的Georges Couderc育成，亲本为河岸葡萄和沙地葡萄，雌株（图2-28）。

（一）植物学识别特征

嫩梢尖光滑无毛，绿色光亮。幼叶光亮，叶柄洼V形。成

图2-28　3309C

叶楔形，全缘，质厚，极光亮，深绿色，叶柄洼变U形，叶背仅脉上有少量茸毛，锯齿圆拱形，中大，叶柄短。基本雄性不育。新梢无毛多棱，落叶中早。成熟枝紫红色，芽小而尖。

（二）农艺性状

抗根瘤蚜，不抗根结线虫，抗石灰性中等（抗11%活性钙），抗旱性中等，不耐盐碱，不耐涝，适于平原地较肥沃的土壤，产枝量中等。扦插生根率较高，嫁接成活率较好。树势中旺，适于非钙质土如花岗岩风化土及冷凉地区，可使接穗品种的果实和枝条及时成熟，品质好，与佳美、比诺、霞多丽等早熟品种结合很好。在各国应用广泛。

六、101—14MG

法国用河岸葡萄与沙地葡萄杂交育成（图2-29）。中国农业科学院果树研究所已引入。雌性株，可结果。

图2-29 101—14MG

(一) 植物学识别特征

嫩梢尖球状，淡绿，光亮；托叶长，无色。幼叶折成勺状，稍具古铜色。成龄叶片楔形，全缘，三主脉齿尖突出，黄绿色，无光泽，稍上卷，叶柄洼开张拱形。雌花可育，果穗小，小果粒黑色圆形，无食用价值。新梢棱状无毛，紫红色，节间短，落叶早。成熟枝条红黄色带浅条纹，节间中长，节不明显，节上有短毛。芽小而尖。

(二) 农艺性状

极抗根瘤蚜，较抗线虫，耐石灰质土壤能力中等（抗9%活性钙），不抗旱，抗湿性较强，能适应黏土壤。产枝量中等；扦插生根率和嫁接成活率较高。嫁接品种早熟，着色好，品质优良。该品种是较古老、应用广泛的砧木品种，以早熟砧木闻名。适于在微酸性土壤中生长。101-14MG是法国第七位的砧木，主要用于波尔多，也是南非第二位的砧木品种。

七、1103P

意大利用伯兰氏葡萄与沙地葡萄杂交育成，雄株（图2-30）。中国农业科学院果树研究所已引入。

(一) 植物学识别特征

嫩梢尖布丝毛，边缘桃红色。幼叶古铜色，无毛。成龄叶片小，肾形，深绿色，边缘翻卷稍内折，叶柄洼U形开张，裸脉，叶柄紫红色带短毛，叶背无毛。新梢多棱，褐咖啡色，节上稍有毛，节间中长，芽小而尖。

(二) 农艺性状

植株生长旺。极抗根瘤蚜，抗根结线虫。抗旱性强，适应黏土地但不抗涝，耐石灰性土壤（活性钙达17%～18%），抗盐碱，对盐抗性达0.5%。枝条产量中等，每公顷产3万～3.5万米，与品种嫁接成活率高。

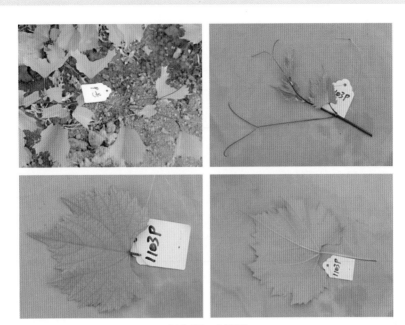

图2-30　1103P

八、110R

中国农业科学院果树研究所已引入。美洲种群内种间杂种，由Rranz Richter于1889年杂交育成，亲本为Berlandieri Resseguier No.2和Rupestris Martin（图2-31）。

（一）植物学识别特征

嫩梢尖扁平，边缘桃红，布丝毛。幼叶布丝毛，古铜色，光亮，皱泡。成龄叶片肾形，全缘，极光亮，有细泡。折成勺状，锯齿大拱形，叶柄洼开张U形，叶背无毛，似Martino雄性不育。新梢棱角明显，光滑，顶端红色。成熟枝条红咖啡色或灰褐色，多棱，无毛，节间长，芽小，半圆形。

（二）农艺性状

抗根瘤蚜，抗根结线虫，抗石灰性土壤（抗17%活性钙），使接穗品种树势旺，生长期延长，成熟延迟，不宜嫁接易落花

图 2-31 110R

落果的品种。产枝量中等。生根率较低，室内嫁接成活率较低，田间就地嫁接成活率较高。成活后萌蘖很少，发苗慢，前期主要先长根，因此抗旱性很强，适于干旱瘠薄地栽培。

九、140Ru

原产意大利，美洲种群内种间杂种（图2-32）。19世纪末20世纪初，由西西里的Ruggeri培育而成。亲本是Berlandieri Resseguier No.2和Rupestris ST George（du.Lot）。中国农业科学院果树研究所已引入。

（一）植物学识别特征

梢尖有网纹，边缘玫瑰红。幼叶灰绿色，有光泽，成龄叶片肾形，小，厚，扭曲，有光泽，下表面近乎无毛，叶脉上有稀疏茸毛。叶柄接合处红色。叶片全缘，有时基部叶片的裂刻很深，与420A相似。锯齿中等大，凸形。叶柄洼开张拱形，叶

图2-32　140Ru

柄紫色，光滑无毛。新梢有棱纹，浅紫色，茸毛稀少。枝蔓有棱纹，深红褐色，光滑，节部有卷丝状茸毛。节间长。芽小而尖。雄性花。

（二）农艺性状

根系极抗根瘤蚜，但可能在叶片上携带有虫瘿，较抗线虫，抗缺铁、耐寒、耐盐碱，抗干旱，对石灰性土壤抗性优异（活性钙几乎可达20%）。生长势极旺盛，与欧亚品种嫁接亲和力好，适于偏干旱地区偏黏土壤上生长。插条生根较难，田间嫁接效果良好，不宜室内床接。

十、225Ru

中国农业科学院果树研究所已引入。美洲种群内种间杂种，由冬葡萄×沙地葡萄杂交育成（图2-33）。

图2-33 225Ru

（一）植物学识别特征

嫩梢浅紫褐色，有茸毛。幼叶有光泽。成龄叶片中等大，近圆形，有锯齿3浅裂。叶柄洼箭形。叶面光滑，叶背有白色茸毛。

（二）农艺性状

较抗根瘤蚜，抗根结线虫，抗旱性较强，耐湿、耐盐性中等，弱于5BB。一年生苗生长势较弱。扦插生根较难，出苗率55%左右。

十一、贝达

美洲种，又名贝特，原产于美国，美洲葡萄和河岸葡萄杂交育成（图2-34）。

（一）植物学识别特征

嫩梢绿色，有稀疏茸毛。幼叶绿色，叶缘稍有红色，叶面茸毛稀疏并有光泽，叶背密生茸毛。一年生枝成熟时红褐色，

图2-34　贝　达

叶片大，全缘或浅3裂，叶面光滑，叶背有稀疏刺毛。叶柄洼开张。两性花。果穗小，平均穗重191克左右，圆锥形。果粒着生紧密。果粒小，近圆形，蓝黑色，果皮薄；肉软，有囊，味偏酸，有狐臭味，含糖14%，含酸1.6%。在沈阳8月上旬成熟。

（二）农艺性状

植株生长势极强，适应性强，抗病力强，特抗寒，枝条可忍耐−30℃左右的低温，根系可忍耐−11.6℃左右的低温，有一定的抗湿能力，枝条扦插易生根，繁殖容易，并且与欧美种、欧亚杂交种嫁接亲和力强，是最好的抗寒砧木。生产上需注意的是，贝达作为鲜食葡萄品种的砧木时，有明显的小脚现象，而且对根癌病抗性稍弱。目前在我国生产上用的贝达砧木大部分都带有病毒病，应脱毒繁殖后再利用为好，栽培时应予以重视。

十二、华葡1号

(一)植物学识别特征

一年生成熟枝条红褐色，嫩梢绿色（图2-35）。幼叶黄绿色，上表面有光泽，下表面茸毛较少。成龄叶片五角形，大，深绿色，有光泽，主脉黄色有红晕，下表面有极稀茸毛。叶片5裂，上裂刻浅至中，下裂刻极浅至浅，裂刻基部U形。锯齿双侧直。成龄叶叶脉限制叶柄洼，叶柄洼轻度重叠，基部U形。叶柄长，红色。雌能花。果穗圆锥形，穗形整齐，中等大，平均质量214.4克，最大270.4克。果粒着生中等紧密，大小均匀，无小青粒及采前落粒现象。果粒圆形，果皮紫黑色，平均

图2-35　华葡1号

质量 3.1 克，最大 3.4 克。果皮厚而韧，肉软，汁多，种子 2～4 粒，多为 3 粒。与山葡萄不同，果粒有两次生长高峰，生长曲线呈 S 形。10 月初采收，可溶性固形物含量 24.1%，可溶性糖含量 19.6%，可滴定酸含量 1.27%（其中酒石酸含量 0.704%、苹果酸含量 0.574%），白藜芦醇含量 0.32 毫克/千克，单宁含量 2 827.6 毫克/千克，出汁率 70.16%；延迟到 12 月上旬采收，可溶性固形物含量 38.54%，可滴定酸含量 1.32%，单宁含量 4 510.8 毫克/千克，白藜芦醇含量 0.75 毫克/千克，出汁率 20.48%。用其酿造的干红葡萄酒，宝石红色，澄清，果香浓郁，余香绵长，醇和爽口。可延迟采收酿造优质的冰红葡萄酒。

（二）农艺性状

植株生长势强。抗寒性、抗旱性和抗高温能力较强，在辽宁省朝阳、锦州和葫芦岛地区可露地越冬。抗霜霉病，对白腐病、炭疽病等真菌性病害抗性较强，不抗白粉病。硬枝扦插生根率 86.4%～95.7%，成苗率 74.1%～88.5%，与红地球和巨峰等鲜食葡萄品种嫁接亲和力好，嫁接成活率 90.1%～93.4%，无大小脚。

第三章　高标准建园

第一节　栽培模式

一、北方葡萄产区——宽行深沟栽培

　　北方葡萄产区一般情况下干旱少雨和冬季寒冷是葡萄生产的关键制约条件，一般采取宽行深沟栽培，行距至少3.0米以上（图3-1）。深翻是深沟栽培模式的重要基础，如同盖楼的地基。苗木根系能否深扎，能否抗旱、抗寒与深翻有很大关系。前作系精耕细作的田地，且土地平整、土层较厚的，可用D-85拖拉机深耕50～60厘米，加深活土层；如果土层瘠薄或有黏板层，则需要用小型挖掘机或人工开沟。开沟深度一般应达到80厘米

图3-1　宽行深沟栽培

以上，宽度至少80厘米。将原耕作层（地表0～30厘米）放在一边，生土层放在另一边。将准备好的作物秸秆（最好铡碎）施入沟内底层，压实后约5厘米厚；将准备好的腐熟有机肥（羊粪最好，其次是鸡、鸭、鹅等禽粪，或兔、牛、猪等畜粪，及腐熟的人粪尿等，每667米²用量10～20米³）部分与生土混匀，如果土壤偏酸则视情况加入适量生石灰，如果土壤偏碱则加入适量石膏、酒糟、沼渣等能获得的酸性有机物料，混匀后填回沟内；剩下的有机肥与熟土混匀，适当加入钙镁磷肥等，填回沟内。如果土壤瘠薄，底层土壤较差，可将包括行间的熟土层全部铲起，和有机肥混匀后全部填回沟内，而将生土补到行间并整平。对回填后的定植沟进行灌水沉实促进有机肥料的腐熟，对于干旱少雨或冬季需埋藤防寒的地区，定植沟灌水沉实后沟面需比行间地面深30厘米左右，利于抗旱和越冬防寒。为防止或减轻根系侧冻，可在宽行深沟基础上采取部分根域限制，即定植沟开挖后，先在沟壁两侧铺设塑料薄膜，然后回填，可有效抑制根系水平延伸。采取部分根域限制建园，定植沟宽度以80～100厘米最佳。

二、南方葡萄产区——起垄栽培

南方葡萄产区一般情况下的关键制约条件是地下水位高、土壤黏重，容易积涝，因此搞好排水是基础，一般采取起垄栽培（图3-2）。在定植前，首先将腐熟有机肥（每667米²5～10米³）和生物有机肥（每667米²1吨）均匀撒施到园地表面，然后用旋耕机松土将肥土混匀，最后将表层肥土按适宜行向和株行距就地起垄，一般定植垄高40～50厘米高、宽80～120厘米。对于地下水位过浅的地块，在起垄栽培的基础上，可配合采取薄膜限根模式。在定植前，首先按照适宜行向和株行距将塑料薄膜按照宽150厘米、长与定植行行长相同的规格裁剪并铺设在地表，然后将行间表土与腐熟有机肥按照（4～6）：1的比例混匀在塑料薄膜上起垄，一般定植垄高40～50厘米、宽80～120厘米。

图3-2 起垄栽培

三、非耕地高效利用——容器栽培

该栽培模式不受土壤与立地条件的限制，对于戈壁、沙漠和重盐碱等非耕地及都市农业中的阳台、楼顶和庭院的高效利用可采取此栽培模式（图3-3）。从成本和效果来看，选用

图3-3 容器栽培

控根器作为栽培容器最为适宜。控根器的体积根据树冠投影面积确定，一般每平方米树冠投影面积对应的控根器体积为 0.05 ~ 0.06 米 ^{3}，土层厚度一般40 ~ 50厘米。容器栽培的基质非常重要，优质腐熟有机肥或生物有机肥和园土的混合比例为 1 ：（4 ~ 6）。如土壤黏重，除添加有机肥外，还要添加适宜的河沙或炉渣。

第二节　苗木选择

采用优质壮苗建园是实现葡萄优质高效生产的基本前提。有些单位临时起意建园，到处收集苗木，无法保证苗木质量，结果导致建园质量差，留下无穷后患，可谓欲速则不达。国家制定的葡萄苗质量标准见表3-1。

表3-1　葡萄苗质量标准（NY 469—2001）

种 类	项　目		一级	二级	三级
自根（插条）苗	品 种 纯 度		≥98%		
	根 系	侧根数量（条）	≥5	≥4	≥4
		侧根粗度（厘米）	≥0.3	≥0.2	≥0.2
		侧根长度（厘米）	≥20	≥15	≥15
		侧根分布	均匀、舒展		
	枝 干	成熟度	木质化		
		高度（厘米）	≥20		
		粗度（厘米）	≥0.8	≥0.6	≥0.5
	根皮与茎皮		无损伤		
	芽眼数（个）		≥5		
	病虫危害情况		无检疫对象		

（续）

种类	项目		一级	二级	三级
嫁接苗	品种纯度		≥98%		
	根系	侧根数量（条）	≥5	≥4	≥4
		侧根粗度（厘米）	≥0.4	≥0.3	≥0.2
		侧根长度（厘米）	≥20		
		侧根分布	均匀、舒展		
	根干	成熟度	充分成熟		
		枝干高度（厘米）	≥20		
		接口高度（厘米）	10 ~ 15		
		粗度（厘米） 硬枝嫁接	≥0.8	≥0.6	≥0.5
		绿枝嫁接	≥0.6	≥0.5	≥0.4
		嫁接愈合程度	愈合良好		
		根皮与茎皮	无新损伤		
		接穗品种芽眼数（个）	≥5	≥5	≥3
		砧木萌蘖	完全清除		
		病虫害情况	无检疫对象		

一、自根苗

目前生产上使用的苗木大多是品种自根苗（图3-4）。自根苗繁殖容易、成本低，欧亚种的自根苗对盐碱和钙质土适应能力强，但大部分主栽品种的自根抗寒、抗旱能力比嫁接苗差很多，有些品种如藤稔及其他多倍体的品种发根能力差，或根系生长弱。更重要的是品种自根苗不抗根瘤蚜，也不抗根结线虫及根癌等，因此，自根栽培仅适宜于无上述生物逆境、生态逆境胁迫的地区使用。

图3-4　自根苗

二、嫁接苗

嫁接苗如图3-5所示，在我国北方由于抗寒需要长期使用贝达进行嫁接。随着葡萄根瘤蚜在我国多个省份的蔓延，使用能够抗根瘤蚜的抗性砧木嫁接已经成为首选，但是埋土防寒区选择抗性砧木时首先要考虑其抗寒性。需要抗涝的地区可以选择河岸葡萄为主的杂交砧木，如促进早熟的101-14M、3309C，生长势中庸的420A或中庸偏旺的SO4、5BB；在干旱瘠薄及寒冷的地区，建议选择深根性的偏沙地葡萄系列，如110R、140Ru、1103P等。成品嫁接苗是一年生嫁接苗。砧木长度是选择嫁接苗的关键。不同产区要求的砧木长度不同，南方没有寒害，砧木长度20厘米即可，北方越是寒冷的地区，要求的砧木长度越高。目前，进口的嫁接苗砧木长度在40厘米；一般地区推荐30厘米。检查嫁接苗要看嫁接愈合部位是否牢固，可用手掰看嫁接口是否完全愈合无裂缝，至少有3条发达的根系并分布均匀，接穗成熟至少8厘米长。

图3-5 嫁接苗

三、砧木自根苗

国外根据枝条的粗度将收获的砧木枝条分成两部分，直径在6～12毫米的用于生产嫁接苗，较细或较粗的枝条则用于扦插繁殖为砧木苗。这些砧木苗可提供给葡萄园种植者定植在田间，待半木质化后进行绿枝嫁接。有些国家为了充分利用砧木的抗性而采用70厘米甚至1米长的砧木进行高接，从而解决主干的抗寒及抗病问题。北方用砧木苗建园的优点：①砧木苗抗霜霉病；②大部分砧木抗寒性强，在泰安（最低温度−15℃）冬季一年生的砧木苗不下架可安全越冬，管理简便省心；③第二年嫁接时根系生长量大，可以较快的速度促进接穗的生长，非常有利于长远的优质丰产目标。

第三节 科学定植

一、行向

葡萄的行向与地形、地貌、风向和光照等有密切关系。一般地势平坦的葡萄园，南北行向，葡萄枝蔓顺着主风向引绑。

日照时间长，光照强度大，特别是中午葡萄根部能接受到阳光，有利于葡萄的生长发育，能提高浆果的品质和产量。山地葡萄园的行向，应与坡地的等高线方向一致，顺坡势设架，葡萄树栽在山坡下，向山坡上爬，适应葡萄生长规律，光照好，节省架材，也有利于水土保持和田间作业。

二、株行距

目前，葡萄生产上存在种植密度过大的问题，首要问题是加大行距，以利于机械化作业。在温暖地区，冬季不需埋土防寒，单篱架栽培行距以2.5米左右为宜，但如栽培长势较旺的品种如夏黑无核等，需采用水平式棚架配合单层双臂水平龙干形即"一"字形或H树形，株行距分别以（2～25）米×（4～6）米和（4～6）米×（4～10）米为宜。在年绝对低温在−15℃以下的北方或西北地区，因葡萄枝蔓冬季需要下架埋土防寒，防寒土堆的宽度与厚度一定要比根系受冻深度多10厘米左右才能安全越冬，多用中、小棚架，采用斜干水平龙干树形配合水平叶幕，其株行距以（2～2.5）米×（4～6）米（单沟单行定植）或（2～2.5）米×（8～10）米（单沟双行定植）为宜，单穴双株定植。

三、苗木处理

（一）修剪苗木

栽植前将苗木保留2～4个壮芽修剪，基层根一般可留10厘米，受伤根在伤部剪断（图3-6）。如果苗木比较干，可在清水中浸泡1天（图3-7）。苗木准备好后要立即栽植，若不能很快栽完，可用湿麻袋或草帘遮盖，防止抽干。

（二）消毒和浸根

为了减少病虫害特别是检疫害虫的传播，提倡双向消毒，即要求苗木生产者售苗时和使用者种植前均对苗木进行消毒，包括杀虫剂如辛硫磷，杀菌剂（根据苗木供应地区的主要病害

图3-6　修剪苗木　　　　　　　　图3-7　浸泡苗木

选择针对性药剂或广谱性杀菌剂）；较高浓度浸泡半小时，其后在清水中浸泡漂洗；也可以使用ABT-3生根粉浸蘸根系，提高生根量和成活率。

四、苗木定植

（一）定植时间

在不需要埋土防寒的南方可在秋冬季进行定植。在北方一般宜在春季葡萄萌芽前定植，即地温达到7～10℃时进行。如果土壤干旱可在定植前1周浇一次透水。

（二）定植技术

见图3-8至图3-13。

1. **定点**　按照葡萄园设计的株行距（行距与深翻沟中心线的间距一致）及行向，用生石灰画十字定点。

2. **挖穴**　视苗木大小，挖直径30～40厘米、深20～40厘米的穴，如果有商品性有机肥每穴添加1～2锨，土壤如果偏酸或偏碱，可适当添加校正有机物料或各种大量和中微量复合肥。

3. **栽植**　将苗木放入穴内，边填土边踩实，并用手向上提一提，使其根系舒展。嫁接苗定植时短砧也要至少露出土面5厘米左右，避免接穗生根。

4. **灌溉**　栽完后应立即灌一次透水，以提高成活率。

5.封土 待水下渗后，用行间土壤修补平种植穴并覆黑地膜，保湿并免耕除草。

图3-8 开挖定植沟

图3-9 施有机肥

图3-10 定植沟回填

图3-11 定植沟灌水沉实

图3-12 苗木定植

图3-13 灌水封土

第四章　合理整形修剪

第一节　高光效省力化树形和叶幕形

目前，在葡萄生产中，树形普遍采用多主蔓扇形和直立龙干形，叶幕形普遍采用直立叶幕形（即篱壁形叶幕），存在如下诸多问题严重影响了葡萄的健康可持续发展：通风透光性差，光能利用率低；顶端优势强，易造成上强下弱；结果部位不集中，成熟期不一致；不利于机械化操作，管理费工费力；新梢长势旺，管理频繁，工作量大。

国家葡萄产业技术体系栽培研究室开展系统研究，以省工省力为基本目标，针对果园机械化要求，创新性提出鲜食葡萄的高光效省力化树形和叶幕形，具有光能利用率高、光合作用佳、新梢生长均衡、果实成熟早且一致、品质优、管理省工、便于机械化生产的特点，可以实现全程机械化操作，有效解决了葡萄栽培管理过程中的农机农艺融合问题。

一、下架越冬防寒区

中国农业科学院果树研究所浆果类果树栽培与生理科研团队（国家葡萄产区技术体系栽培研究室东北区栽培岗位）针对下架越冬防寒区葡萄生产省工、省力、优质的要求，经多年科研攻关研发出高光效省力化树形和叶幕形——斜干水平龙干形配合水平/V形叶幕（图4-1）。

（一）斜干水平龙干形配合水平叶幕

1.主干　主干下部形成"鸭脖弯"结构，以利于下架埋土（防根茎折断），主干垂直高度180～200厘米，株距200～

图4-1 斜干水平龙干形配合水平/V形叶幕

A.斜干水平龙干示意图　B."鸭脖弯"结构　C.水平叶幕
D.V形叶幕　E.斜干水平龙干实景图

300厘米，双株定植（每定植穴定植2株）。

2.**主蔓**　主蔓沿与行向垂直方向水平延伸［常规建园，每定植沟定植1行（行距400～500厘米）或2行（行距800～1000厘米）］或顺行向方向水平延伸（部分根域限制建园，行距250～300厘米）。

3.**叶幕**　新梢与主蔓垂直，在主蔓两侧水平绑缚呈水平叶幕。据中国农业科学院果树研究所浆果类果树栽培与生理科研团队研究表明：在露地栽培条件下，直立叶幕、V形叶幕和水平叶幕，无论从产量还是果实品质考虑，以水平叶幕最佳。新梢间距10～20厘米（西北光照强烈地区10厘米，东北和华北等光照良好地区15厘米），新梢长度120～150厘米；新梢留量每667米²3 500～5 000条，每新梢20～30片叶片。

4．结果枝组 在主蔓上均匀分布，枝组间距因品种而异，短梢修剪品种同侧枝组间距10～20厘米，中、短梢混合修剪品种同侧枝组间距30～40厘米，长、短梢混合修剪品种同侧枝组间距60～100厘米。

5．架形 适于采取双层平棚架（图4-2）。其中，上层架面由8号铁丝和细钢丝构成，用于固定新梢形成水平叶幕；下层架面由8号铁丝制作的挂钩构成，用于固定主蔓（图4-3）。双层平棚架具有主蔓上下架容易、新梢绑缚标准省工的特点。

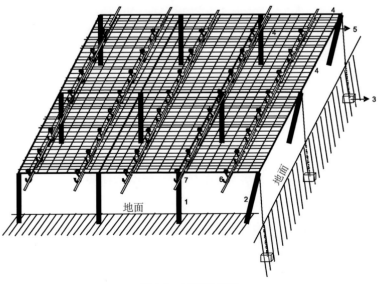

图4-2 双层平棚架

1.中间立柱 2.边柱 3.锚石 4.架面骨架 5.定梢钢丝 6.挂钩 7.主蔓

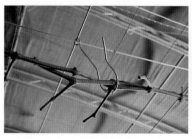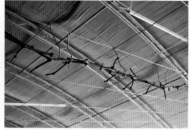

图4-3 双层平棚架，挂钩形成下层架面、固定主蔓

（二）斜干水平龙干形配合V形叶幕

1.主干 主干下部形成"鸭脖弯"结构，以利于下架埋土（防根茎折断），主干垂直高度80～100厘米，株距200～300厘米，双株定植（每定植穴定植2株）。

2.主蔓 主蔓顺行向方向水平延伸（部分根域限制建园，行距250～300厘米）。

3.叶幕 新梢与主蔓垂直，在主蔓两侧绑缚倾斜呈V形叶幕，新梢间距15～20厘米，新梢长度120～150厘米；新梢留量每667米^2 3 000～3 500条，每新梢20～30片叶片。

4.结果枝组 在主蔓上均匀分布，枝组间距因品种而异，短梢修剪品种同侧枝组间距10～20厘米，中、短梢混合修剪品种同侧枝组间距30～40厘米，长、短梢混合修剪品种同侧枝组间距60～100厘米。

5.架形 适于采取V形架，主要用于简易避雨栽培。其中V形架面由8号铁丝和细尼龙线构成，用于固定新梢形成V形叶幕；V形架中心铁丝安装由8号铁丝制作的挂钩，用于固定主蔓。具有主蔓上下架容易、新梢绑缚标准省工的特点。

二、非下架越冬防寒区

南京农业大学园艺学院（国家葡萄产区技术体系栽培研究室华东华南区栽培岗位）针对非下架越冬防寒区葡萄生产的省工、省力、优质要求，经多年科研攻关，研发出高光效省力化树形和叶幕形——"一"字形配合水平或 V 形叶幕和 H 形配合水平叶幕。

（一）"一"字形配合水平或 V 形叶幕

1. 主干　主干直立，垂直高度 1.2 米（配合 V 形叶幕）或 1.8 米（配合水平叶幕）；株行距（4.0~8.0）米 × 2.5 米（主蔓顺行向延伸）或 2.5 米 ×（4.0~8.0）米（主蔓垂直行向延伸），如考虑机械化作业，建议采取株行距 2.5 米 ×（4.0~8.0）米的定植模式定植（图 4-4）。

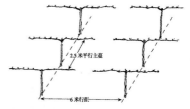

图 4-4　"一"字形水平龙干树形配合水平/V 形叶幕结构示意图及实景图

2. 主蔓　主蔓（龙干）顺行向（配合水平或 V 形叶幕）或垂直行向（配合水平叶幕）水平延伸。

3. 叶幕　新梢与主蔓垂直，在主蔓两侧水平/倾斜绑缚呈水平/V 形叶幕。新梢间距 15~20 厘米（光照良好地区 15 厘米，光照较差地区 20 厘米），新梢长度 120~150 厘米；新梢留量每 667 米^{2}3 000~3 500 条，每新梢 20~30 片叶片。

4. 结果枝组　在主蔓上均匀分布，枝组间距因品种而异，短梢修剪品种同侧枝组间距 10~20 厘米，中、短梢混合修剪品种同侧枝组间距 30~40 厘米，长、短梢混合修剪品种同侧枝组间距 60~100 厘米。

5. 架形　适于采取平棚架、高宽垂架或 V 形架。

(二) H形配合水平叶幕

1. 主干　主干直立，垂直高度1.8米；株行距 (4.0～8.0) 米 × (4.0～5.0) 米 (主蔓顺行向延伸)，单穴双株定植 (图4-5)。

图4-5　H形水平龙干树形配合水平叶幕结构示意图及实景图

2. 主蔓　主蔓 (龙干) 顺行向水平延伸。

3. 叶幕　新梢与主蔓垂直，在主蔓两侧水平绑缚呈水平叶幕，新梢间距15～20厘米 (北方光照良好地区15厘米，南方光照较差地区20厘米)，新梢长度120～150厘米；新梢留量每667米^2 3 000～3 500条，每新梢20～30片叶片。

4. 结果枝组　在主蔓上均匀分布，枝组间距因品种而异，短梢修剪品种同侧枝组间距10～20厘米，中、短梢混合修剪品种同侧枝组间距30～40厘米，长、短梢混合修剪品种同侧枝组间距60～100厘米。

5. 架形　适于采取平棚架。

第二节　简化修剪

一、冬剪

(一) 冬剪时间

从落叶后至翌年开始生长之前，任何时候修剪都不会显著影响植株体内糖类营养，也不会影响植株的生长和结果。在北方冬季下架越冬防寒地区，冬季修剪在落叶后必须抓紧时间及早进行；在南方非下架越冬防寒地区，冬季修剪可在落叶3～4周后至伤流前进行，时间一般在自然落叶1个月后至翌年1月间，此时树体进入深休眠期。

（二）主要修剪方法

1.短截 短截是指将一年生枝剪去一段、留下一段的剪枝方法，是葡萄冬季修剪的最主要手法，根据剪留长度的不同，分为极短梢修剪（留1芽或仅留隐芽）、短梢修剪（留2～3芽）、中梢修剪（留4～6芽）、长梢修剪（留7～11芽）和极长梢修剪（留12芽以上）等修剪方式（图4-6）。根据花序着生的部位确定选取什么样的修剪方式，这与品种特性、立地生态条件、树龄、整形方式、枝条发育状况及芽的饱满程度息息相关。一般情况下，对花序着生部位1～3节的品种采取极短梢、短梢或中短梢修剪，如巨峰等；花序着生部位4～6节的品种采取中、短梢混合修剪，如红地球等；花序着生部位不确定的品种，采取长、短梢混合修剪，如克瑞森无核等。欧美杂交种对剪口粗度要求不严格，欧亚种葡萄剪口粗度则以0.8～1.0厘米为好，如红地球、无核白鸡心等。

2.疏剪 把整个枝蔓（包括一年生和多年生枝蔓）从基部剪除的修剪方法，称为疏剪（图4-7）。疏剪具有如下作用：疏去过密枝，改善光照和营养物质的分配；疏去老弱枝，留下新

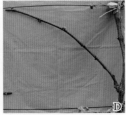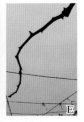

图4-6 短 截

A.极短梢修剪 B.短梢修剪 C.中梢修剪 D.长梢修剪 E.极长梢修剪

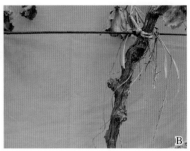

图4-7 疏　剪

A.疏剪前　B.疏剪后

壮枝，以保持生长优势；疏去过强的徒长枝，留下中庸健壮枝，以均衡树势；疏除病虫枝，防止病虫害的危害和蔓延。

3. 缩剪　把二年生以上的枝蔓剪去一段留一段的剪枝方法，称为缩剪（图4-8）。主要作用：更新转势，剪去前一段老枝，留下后面新枝，使其处于优势部位；防止结果部位的扩大和外移；具有疏除密枝、改善光照作用，如缩剪大枝尚有均衡树势的作用。

以上3种修剪方法，以短截法应用最多。

图4-8 缩　剪

A.缩剪前　B.缩剪后

4. 枝蔓更新

（1）结果母枝的更新。结果母枝更新的目的在于避免结果部位逐年上升外移和造成下部光秃（图4-9），修剪手法：

①双枝更新。结果母枝按需要长度剪截，将其下面邻近的成熟新梢留2芽短剪，作为预备枝。预备枝在翌年冬季修剪时，上一枝留作新的结果母枝，下一枝再行极短截，使其形成新的预备枝；原结果母枝于当年冬剪时被回缩掉，以后逐年采用这种方法依次进行。双枝更新要注意预备枝和结果母枝的选留，结果母枝一定要选留那些发育健壮充实的枝条，而预备枝应处于结果母枝下部，以免结果部位外移。

②单枝更新。冬季修剪时不留预备枝，只留结果母枝。翌年萌芽后，选择下部良好的新梢，培养为结果母枝，冬季修剪时仅剪留枝条的下部。单枝更新的母枝剪留不能过长，一般应采取短梢修剪，不使结果部位外移。

（2）多年生枝蔓的更新。经过年年修剪，多年生枝蔓上的"疙瘩""伤疤"增多，影响输导组织的畅通；另外对于过分轻剪的葡萄园，下部出现光秃，结果部位外移，造成新梢细弱，果穗果粒变小，产量及品质下降，遇到这种情况就需对一些大的主蔓或侧枝进行更新。

①大更新。凡是从基部除去主蔓，进行更新的称为大更新。在大更新以前，必须积极培养从地表发出的萌蘖或从主蔓基部发出的新枝，使其成为新蔓，当新蔓足以代替老蔓时，即可降

图4-9　枝蔓更新

A.双枝更新修剪（基部更新枝短梢修剪，上部结果母枝中梢或长梢修剪）

B.单枝更新修剪

老蔓除去。

②小更新。对侧蔓的更新称为小更新。一般在肥水管理差的情况下，侧蔓4～5年需要更新一次，一般采用回缩修剪的方法。

（三）冬剪的留芽量

在树形结构相对稳定的情况下，每年冬季修剪的主要剪截对象是一年生枝。修剪的主要工作就是疏掉一部分枝条和短截一部分枝条。单株或单位土地面积（每667米^2）在冬剪后保留的芽眼数被称为单株芽眼负载量或单位面积芽眼负载量。适宜的芽眼负载量是保证翌年适量的新梢数和花序、果穗数的基础。冬剪留芽量的多少主要决定因素是产量的控制标准。我国不少葡萄园在冬季修剪时对应留芽量通常是处于盲目的状态。多数情况是留芽量偏大，这是造成高产低质的主要原因。以温带半湿润区为例，要保证良好的葡萄品质，每667米^{2}产量应控制在1 500千克以下。巨峰品种冬季留芽量，一般每667米^{2}留6 000芽，即每4个芽保留1千克果；红地球等不易形成花芽的品种，每667米^{2}留芽量要增加30%。南方亚热带湿润区，年日照时数少，每667米^{2}产量应控制在1 000千克或1 000千克以下，但葡萄形成花芽也相对差些，通常每5～7个芽保留1千克果。因此，冬剪留芽量不仅需要看产量指标，还要看地域生态环境、品种及管理水平。

二、夏剪

夏季修剪，是指萌芽后至落叶前的整个生长期内所进行的修剪，修剪的任务是调节树体养分分配，确定合理的新梢负载量与果穗负载量，使养分能充足供应果实；调控新梢生长，维持合理的叶幕结构，保证植株通风透光；平衡营养与生殖生长，既能促进开花坐果、提高果实的质量和产量，又能培育充实健壮、花芽分化良好的枝蔓；使植株便于田间管理与病虫害防治。

（一）抹芽、疏梢和新梢绑缚

抹芽和疏梢是葡萄夏季修剪的第一项工作，根据葡萄种类、品种萌芽、抽枝能力、长势强弱、叶片大小等进行（图4-10、

图4-10 抹 芽

A.抹芽前 B.抹芽后

图4-11）。春季萌芽后，新梢长至3～4厘米时，每3～5天分期分批抹去多余的双芽、三生芽、弱芽和面地芽等；当芽眼生长至10厘米时，基本已显现花序时或5叶1心期后陆续抹除多余的枝如过密枝、细弱枝、面地枝和外围无花枝等；当新梢长至40厘米左右时，根据栽培架式，保留结果母枝上由主芽萌发的带有花序的健壮新梢，而将副芽萌生的新梢除去，在植株主干附近或结果枝组基部保留一定比例的营养枝，以培养翌年结果母枝，同时保证当年葡萄负载量所需的光合面积。中国农业科学院果树研究所浆果类果树栽培与生理科研团队经多年科研攻关研究发现，在鲜食葡萄生产中，叶面积指数西北光照强烈地区以3.5左右最为适宜、东北和华北等光照良好地区以3.0左右最为适宜、南方光照较差地区以2.5左右最为适宜，此时叶幕的光能截获率及光能利用率高，净光合速率最高，果实产量和品质最佳。在土壤贫瘠条件下或生长势弱的品种，每667米^{2}留梢量3 500～5 000条为宜；生长势强旺、叶片较大的品种或在土壤肥沃、肥水充足的条件下，每个新梢需要较大的生长空间和较多的主梢和副梢叶片生长，每667米^{2}留梢量2 500～3 500条为宜。定梢结束后及时对于新梢利用绑梢器或尼龙线夹压或缠绕固定的方法进行绑蔓，使得葡萄架面枝梢分布均匀、通风透光良好、叶果比适当。

图4-11 疏 梢

A.疏梢前（双梢去一）　B.疏梢后（双梢去一）
C.疏梢前（过密梢和多余梢）　D.疏梢后（过密梢和多余梢）

　　中国农业科学院果树研究所浆果类果树栽培与生理科研团队为提高定梢和新梢绑缚效果及效率，提出了定梢绳定梢及新梢绑缚技术（图4-12、图4-13），具体操作：首先将定梢绳（一般为抗老化尼龙绳或细钢丝）按照新梢适宜间距绑缚固定到铁

图4-12　定梢绳定梢及新梢绑缚

丝上，然后于新梢显现花序时根据定梢绳定梢，每一定梢绳留一新梢，多余新梢疏除；待新梢长至50厘米左右时将所留新梢缠绕固定到定梢绳上，使新梢在架面上分布均匀。

（二）主副梢摘心

1. 主梢摘心　主梢摘心如图4-14所示。

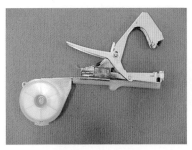

图4-13　绑梢器

图4-14　主梢摘心（模式化修剪）

（1）坐果率低、需促进坐果的品种。中国农业科学院果树研究所浆果类果树栽培与生理科研团队研究表明，对于坐果率低、需促进坐果的品种如夏黑无核和巨峰等巨峰系品种，一次成梢、两次成梢和三次成梢技术相比，主梢采取两次成梢技术效果最佳。具体操作：在开花前7～10天沿第一道铁丝（新梢长60～70厘米时）对主梢进行第一次统一剪截，待坐果后主梢长至120～150厘米时，沿第二道铁丝对主梢进行第二次统一剪截。

（2）坐果率高、需适度落果的品种。中国农业科学院果树研究所浆果类果树栽培与生理科研团队研究表明，对于坐果率高、需适度落果的品种如红地球和87-1等欧亚种品种，一次成梢、两次成梢和三次成梢技术相比，主梢采取一次成梢技术效果最佳。具体操作：在坐果后待主梢长至120～150厘米时，沿第二道铁丝对主梢进行统一剪截。

2. 副梢摘心　浆果类果树栽培与生理科研团队研究表明，无论是巨峰等欧美杂种还是红地球等欧亚种，副梢全去除、留1叶绝后摘心、留2叶绝后摘心和副梢不摘心4个处理相比，副

图4-15　副梢摘心（留1叶绝后摘心）

梢留1叶绝后摘心品质最佳（图4-15），具体操作：主梢摘心后，留顶端副梢继续生长，其余副梢待副梢生长至展3～4片叶时于第一节节位上方1厘米处剪截，待第一节节位二次副梢和冬芽萌动时将其抹除，最终副梢仅保留1片叶。

3.主副梢免修剪管理　新梢处于水平或下垂生长状态时，新梢顶端优势受到抑制，本着简化修剪、省工栽培的目的，提出如下免夏剪的方法供参考，即主梢和副梢不进行摘心处理。较适应该法的品种、架式及栽培区：棚架、T形架和Y形架栽植的品种、对夏剪反应不敏感（不摘心也不会引起严重落花落果、大小果）的品种和新疆产区（气候干热）栽植的品种，上述情况务必通过肥水调控、限根栽培或烯效唑化控等技术措施，使树相达到中庸状态方可采取免夏剪的方法。

（三）环割/环剥

环剥或环割的作用是在短期内阻止上部叶片合成的糖类向下输送，使养分在环剥口以上的部分贮藏（图4-16、图4-17）。环剥有多种生理效应，如花前1周进行能提高坐果率，花后幼果迅速膨大期进行增大果粒、软熟着色期进行提早浆果成熟期等。环剥或环割以部位不同可分为主干、结果枝、结果母枝环剥或

图4-16　环　剥

图4-17　环　割

环割。环剥宽度一般3～5毫米，不伤木质部；环割一般连续4～6道，深达木质部。

（四）除卷须和摘老叶

卷须是葡萄借以附着攀缘的器官，在生产栽培条件下卷须对葡萄生长发育作用不大，反而会消耗营养，缠绕给枝蔓管理带来不便，应该及时剪除（图4-18）。葡萄叶片生长是由缓慢到快速再到缓慢的过程，呈S形曲线。葡萄成熟前为促进上色，可将果穗附近的2～3片老叶摘除（图4-19），以利光照，但不宜过早，以采收前10天为宜。长势弱的树体不宜摘叶。

（五）扭梢

对新梢基部进行扭梢可显著抑制新梢旺长，于开花前进行扭梢可显著提高葡萄坐果率，于幼果发育期进行扭梢可促进果实成熟和改善果实品质及促进花芽分化（图4-20）。

图4-18　除卷须

A.除卷须（除卷须前）　B.除卷须（除卷须后）

图4-19　摘老叶　　　　　　图4-20　扭　梢

第五章　土肥水管理

第一节　土壤管理

一、土壤改良

针对土壤的不良性状和障碍因素，采取相应的物理或化学措施，改善土壤性状，提高土壤肥力，增加作物产量及改善人类生存土壤环境的过程称为土壤改良。土壤是树体生存的基础，葡萄园土壤的理化性质和肥力水平等影响着葡萄的生长发育及果实产量和品质。土壤瘠薄、漏肥漏水严重、有机质含量低、土壤盐碱或酸化、养分供应能力低等是我国葡萄稳产优质栽培的主要障碍，因此，持续不断地改良和培肥土壤是我国葡萄园稳产优质栽培的前提和基础。土壤改良工作一般根据各地的自然条件和经济条件，因地制宜地制订切实可行的规划，逐步实施，以达到有效地改善土壤生产性状和环境条件的目的。为此，国家葡萄产业技术体系栽培研究室开展了系统研究，研发出系列土壤改良与培肥技术。

（一）土壤改良过程

1. 保土阶段　采取工程或生物措施，使土壤流失量控制在容许的流失量范围内。如果土壤流失量得不到控制，土壤改良亦无法进行。对于耕作土壤，首先要进行农田基本建设，实现田、林、路、渠、沟的合理规划。

2. 改土阶段　其目的是增加土壤有机质和养分含量，改良土壤性状，提高土壤肥力。改土措施主要是种植豆科绿肥或多施农家肥。当土壤过沙或过黏时，可采用沙黏互掺的办法。

(二)土壤改良技术途径

土壤的水、肥、气、热等肥力因素的发挥受土壤物理性状、化学性质及生物学性质的共同影响，从而在土壤改良过程中可以选择物理、化学及生物学的方法对土壤进行综合改良。

1.物理改良 采取相应的农业、水利、生物等措施，改善土壤性状，提高土壤肥力的过程称为土壤物理改良。具体措施：适时耕作，增施有机肥，改良贫瘠土壤；客土、漫沙、漫淤等，改良过沙过黏土壤；平整土地；设立灌、排渠系，排水洗盐、种稻洗盐等，改良盐碱土；果园生草，减轻土壤酸化；植树种草，营造防护林，设立沙障，固定流沙，改良风沙土等。

2.化学改良 用化学改良剂改变土壤酸性或碱性的技术措施称为土壤化学改良。常用化学改良剂有石灰、石膏、磷石膏、氯化钙、硫酸亚铁和腐殖酸钙等，视土壤的性质而择用。如对碱化土壤，需施用石膏、磷石膏等以钙离子交换出土壤胶体表面的钠离子，降低土壤的pH。对酸性土壤，则需施用石灰性物质。化学改良必须结合水利、农业等措施，才能取得更好的效果。

葡萄为多年生树种，因而，贫瘠土壤区最值得推崇的土壤改良方法是建园时的合理规划，包括开挖80～100厘米深、80厘米宽的定植沟，将秸秆、家畜粪肥、绿肥、过磷酸钙等大量填入沟内，引导根系深扎，为稳产创造良好的基础条件。葡萄生长发育过程中，每年坚持在树干两侧开挖30厘米左右的施肥沟，或通过施肥机将有机肥均匀地施入土壤，能够促进新根的大量发生，增强葡萄根系吸收功能，为高产创造条件。

二、土壤耕作

土壤耕作制度又称为土壤管理系统，主要有以下几种方式：清耕法、生草法、覆盖法、免耕法和清耕覆盖法等。目前运用最多的是清耕法、生草法和覆盖法。在具体生产中，应该根据不同地区的土壤特点、气候条件、劳动力情况和经济实力等各种因素因地制宜的灵活运用不同的土壤管理方法，以在保证土壤可持续利用的基础上最大限度取得好的经济效益。

（一）清耕法

清耕法是指在植株附近树盘内结合中耕除草、基施或追施化肥、秋翻秋耕等进行的人工或机械耕作方式，常年保持土壤疏松无杂草的一种果园土壤管理方法（图5-1）。全园清耕有很多优点，如可提高早春地温，促进发芽；清耕能保持土壤疏松，改善土壤通透性，加快土壤有机物的腐熟和分解，有利于葡萄根系的生长和对肥水的吸收；清耕还能控制果园杂草，减少病虫害的寄生源，降低果树虫害密度和病害发生率，同时减少或避免杂草与果树争夺肥水。但全园清耕也有一些缺陷，如于清耕把表层20厘米土壤内的大量起吸收作用的毛根破坏，养分吸收受限制，影响花芽的形成和果实的糖度及色泽；清耕还会促使树体的徒长，导致晚结果、少结果、降低产量；清耕使地面裸露，加速地表水土流失；此外，清耕比较费工，增加了管理成本。

尽管有一些不足的方面，清耕法至今仍是我国采用最广泛的果园土壤管理方法。主要因为葡萄园各项技术操作频繁，人在行间走动多，土壤易板结，所以清耕是目前较常用的葡萄园

图5-1 树盘清耕，行间生草（人工生草）

土壤管理制度。

　　土壤清耕的范围可根据行间的大小和根系分布范围进行。篱架行距较小，可隔行分次轮换进行，离开植株50厘米以外；棚架行距较大，可在根系分布范围附近进行深翻，离开植株80厘米以外，深翻应结合施肥进行。春季可选择萌芽前进行中耕，深度为10～15厘米，结合施催芽肥，全园翻耕。

　　（二）生草法

　　葡萄园生草法是指在葡萄园行间或全园长期种植多年生植物的一种土壤管理办法，分为人工种草和自然生草两种方式，适于在年降水量较多（年降水量＞600毫米）或有灌水条件的地区（图5-2）。

图5-2　全园生草

A.自然生草　B.人工生黑麦草

　　人工种草多用豆科或禾本科等矮秆、适应性强的草种，如毛叶苕子、三叶草、鸭茅草、黑麦草、百脉根和苜蓿等；自然生草利用田间自有草种即可。待草长至30～40厘米时，利用碎草机留5厘米茬粉碎，如气候过于干旱，则于草高20厘米左右留5厘米茬粉碎；如降水过多，则待草高50厘米左右时留5厘米茬粉碎。为保证草生长良好，每两年保证草结籽1次。粉碎的草可覆盖在树盘或行间，使其自然分解腐烂或结合畜牧养殖过腹还田，增加土壤肥力。人工种草一般在秋季或春季深翻后播草种，其中秋季播种最佳，可有效解决生草初期滋生杂草的问题。

葡萄园生草的优点：减少土壤冲刷，增加土壤有机质，改善土壤理化性状，使土壤保持良好的团粒结构，防止土壤暴干暴湿，保墒，保肥，提高品质；改善葡萄园生态环境，为病虫害的生物防治和绿色果品的生产创造条件；减少葡萄园管理用工，便于机械化作业，生草果园可以保证机械作业随时进行，即使是在雨后或刚灌溉的土地上，机械也能进行作业，如喷洒农药、生长季修剪、采收等，这样可以保证作业的准时，不误季节；经济利用土地，提高果园综合效益。当然，生草果园也存在和覆草管理相似的缺点，如果园不易清扫、增加病虫源等问题，针对这些缺点，应相应地加强管理。

（三）覆盖法

覆盖栽培是一种较为先进的土壤管理方法，适于在干旱（年降水量≤600毫米）和土壤较为瘠薄的地区应用，利于保持土壤水分和增加土壤有机质。葡萄园常用的覆盖材料为地膜或麦秸、麦糠、玉米秸、稻草等。一般于春夏覆盖黑色地膜或园艺地布（图5-3），夏秋覆盖麦秸、麦糠、玉米秸、稻草或杂草等，覆盖材料越碎越细越好。

覆草多少根据土质和草量情况而定，一般每667米^{2}平均覆干草1 500千克以上，厚度15～20厘米，上面压少量土，每年结合秋施基肥深翻。果园覆盖法具有以下几个优点：保持土壤水分，防止水土流失；增加土壤有机质（图5-4）；改善土壤表层环境，促进树体生长；提高果实品质；浆果生长期内采用果园覆盖措施可使水分供应均衡，防止因土壤水分剧烈变化而引起裂果；减轻浆果日烧病。覆盖栽培也有一些缺点，如葡萄树盘上覆草后不易灌水，另外，由于覆草后果园的杂物包括残枝落叶、病烂果等不易清理，为病虫提供了躲避场所，增加了病虫来源，因此，在病虫防治时，要对树上树下细致喷药，以防加剧病虫为害。

图5-3　树盘覆盖

A.果园环境监测设备　B.树盘清耕　C.树盘无纺布
D.覆黑地膜　E.覆白地膜　F.覆黑色园艺地布

图5-4　20年生草结合覆草后，土壤有机质含量高达24%

三、土壤管理与改良技术

（一）树盘管理

葡萄藤出土上架后，干旱或半干旱地区（年降水量≤600毫米）树盘采取覆盖管理，早春覆盖黑地膜或无纺布；水源充足地区（年降水量＞600毫米或有灌溉条件），树盘采取生草制度，以秋季播种黑麦草最佳。

（二）行间管理

1. 埋土防寒地区　水源充足地区（年降水量＞600毫米或有灌溉条件）葡萄园行间采取自然生草制度，一般情况下待草长至30～40厘米时利用果园碎草机留5厘米茬粉碎，如气候过于干旱，则待草高20厘米左右时留5厘米茬粉碎，如降水过多，则待草高50厘米左右时留5厘米茬粉碎。为保证草生长良好，每两年保证草结籽1次。

2. 非埋土防寒地区　水源充足地区（年降水量＞600毫米或有灌溉条件）葡萄园行间采用人工生草制度，人工种草多用豆科或禾本科等矮秆、适应性强的草种，如毛叶苕子、三叶草、鸭茅草、黑麦草、百脉根和苜蓿等。一般情况下，待草长至30～40厘米时，利用果园碎草机留5厘米茬粉碎；如气候过于干旱，则待草高20厘米左右时，留5厘米茬粉碎；如降水过多，则待草高50厘米左右时，留5厘米茬粉碎。粉碎的草可覆盖在树盘或行间，使其自然分解腐烂或结合畜牧养殖过腹还田，增加土壤肥力。人工种草一般在秋季或春季深翻后播草种，其中秋季播种最佳，可有效解决生草初期滋生杂草的问题。

（三）有机肥施用

8中下旬至9月初及时施入有机肥，以生物有机肥最佳，其次是羊粪，最后是猪粪等农家肥。具体操作：利用施肥机械将有机肥和化肥混合施入25～45厘米深的土壤中，为避免根系上浮，0～25厘米表层土壤不能混入肥料。同时埋土防寒区为避免根系水平延伸过长造成冬季埋土防寒时根系侧冻问题的发生，施肥沟的位置距离主干30厘米，不能距离主干过远。

第二节　施肥管理

　　我国葡萄营养研究严重滞后于产业发展需求，肥水管理靠经验，缺乏科学依据，造成肥料利用率低，葡萄园面源污染严重，树体营养失调，生理病害发生普遍，果品质量变劣等。中国农业科学院果树研究所浆果类果树栽培与生理科研团队进行了葡萄矿质营养需求吸收运转规律及肥料高效利用技术研究，是我国葡萄产业健康可持续发展的重要保证，明确了葡萄矿质营养的需求吸收运转规律并研发出葡萄全营养配方肥和叶面肥，葡萄全营养配方肥分为幼树阶段和结果阶段不同的两种配方肥，其中，幼树阶段配方肥分为幼树1号（生长前期，促长整形）和幼树2号（生长后期，控旺促花），结果阶段配方肥分为结果树1~5号。

一、矿质营养的吸收运转规律

　　氮、磷、钾、钙、镁是鲜食葡萄需求的大量元素，氮、磷、钾、钙、镁的吸收高峰在幼果发育期；硼、锌等微量元素的吸收高峰主要在秋季根系第二次生长高峰。

　　（一）氮

　　萌芽至新梢生长期吸收量占全年吸收量的14%，花期吸收量占全年吸收量的14%，幼果发育期吸收量占全年吸收量的38%，果实转色至成熟期不吸收氮，果实采收后吸收量占全年吸收量的34%。

　　（二）磷

　　萌芽至新梢生长期吸收量占全年吸收量的16%，花期吸收量占全年吸收量的16%，幼果发育期吸收量占全年吸收量的40%，果实转色至成熟期不吸收磷，果实采收后吸收量占全年吸收量的28%。

（三）钾

萌芽至新梢生长期吸收量占全年吸收量的15%，花期吸收量占全年吸收量的11%，幼果发育期吸收量占全年吸收量的50%，果实转色至成熟期吸收量占全年吸收量的9%，果实采收后吸收量占全年吸收量的15%。

（四）钙

萌芽至新梢生长期吸收量占全年吸收量的10%，花期吸收量占全年吸收量的14%，幼果发育期吸收量占全年吸收量的46%，果实转色至成熟期吸收量占全年吸收量的8%，果实采收后吸收量占全年吸收量的22%。

（五）镁

萌芽至新梢生长期吸收量占全年吸收量的10%，花期吸收量占全年吸收量的12%，幼果发育期吸收量占全年吸收量的43%，果实转色至成熟期吸收量占全年吸收量的13%，果实采收后吸收量占全年吸收量的22%。

二、施肥原则

除氮、磷、钾肥外，重视钙和镁肥的施用；重视幼果发育期钾肥的施用；重视微肥的施用，硼和锌以秋季根系第二次高峰施入为主；葡萄是忌氯作物，切忌施用含氯化肥。

三、施肥技术

（一）基肥的施用

基肥又称为底肥，以有机肥料为主，同时加入适量的化肥。基肥的施用时期一般在葡萄根系第二次生长高峰前施入（据研究，北京地区玫瑰香葡萄根系的第二次生长高峰出现于9月中旬至10月中旬），以牛羊粪为最好并加入适量配方肥如中国农业科学院果树研究所研发的葡萄同步全营养配方肥结果树5号等（图5-5）。

基肥施用量根据当地土壤情况、树龄、结果数量等情况而定，一般果肥重量比为1∶2，即每公顷产量22 500千克需施入

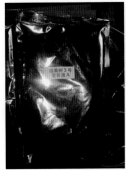  

图5-5 鲜食葡萄同步全营养配方肥

优质腐熟有机肥45 000千克。施基肥多采用沟施或穴施。一般每两年1次，最好每年1次，施肥沟中心距主干40厘米左右。

（二）追肥的施用

追肥又称为补肥，在生长期进行，以促进植株生长和果实发育，以化肥为主。一般情况下，每生产1 000千克果实，葡萄树全年需要从土壤中吸收6～10千克的氮（N，利用率30%左右）、3～5千克的磷（P_2O_5，利用率40%左右）、6～12千克的钾（K_2O，利用率50%左右）、6～12千克的钙（CaO，利用率40%左右）和0.6～1.8千克的镁（MgO，利用率40%左右）。

1.土壤追肥 中国农业科学院果树研究所浆果类果树栽培与生理科研团队制订出基于矿质营养年吸收运转规律图的全年3414和5416配方/精准施肥研究方案，确定出树体营养诊断的最佳取样组织和时期，研发出鲜食葡萄同步全营养配方肥，并在核心技术试验示范园进行了大面积示范推广。

（1）萌芽前追肥。此期施用葡萄同步全营养配方肥的结果树1号肥。此次追肥主要补充基肥不足，以促进发芽整齐、新梢和花序发育。埋土防寒区在出土上架整畦后、不埋土防寒区在萌芽前半月进行追肥，追肥后立即灌水。追肥时注意不要碰伤枝蔓，以免引起过多伤流，浪费树体贮藏营养。对于上年已经施入足量基肥的园片，此次追肥不需进行。

（2）花前追肥。此期施用葡萄同步全营养配方肥的结果树2号肥。萌芽、开花、坐果需要消耗大量营养物质。但在早春，根系吸收能力差，主要消耗贮藏养分。若树体营养水平较低，此时氮肥供应不足，会导致大量落花落果，影响营养生长，对树体不利，故生产上应注意这次施肥。对落花落果严重的品种如巨峰系品种花前一般不宜施入氮肥。若树势旺、基肥施入数量充足时，花前追肥可推迟至花后。

（3）花后追肥。花后幼果和新梢均迅速生长，需要大量的氮素营养，施肥可促进新梢正常生长，扩大叶面积，提高光合效能，利于糖类和蛋白质的形成，减少生理落果。花前和花后肥相互补充，如花前已经追肥，花后不必追肥。

（4）幼果生长期追肥。此期追肥施用葡萄同步全营养配方肥的结果树3号肥。幼果生长期是葡萄需肥的临界期。及时追肥不仅能促进幼果迅速发育，而且对当年花芽分化、枝叶和根系生长有良好的促进作用，对提高葡萄产量和品质亦有重要作用。此次追肥宜氮、磷、钾、钙、镁配合施用，尤其要重视磷钾及钙镁肥的施用。对于长势过旺的树体或品种，此次追肥注意控制氮肥的施用。

（5）果实生长后期即果实着色前追肥。此期追肥施用葡萄同步全营养配方肥的结果树4号肥。这次追肥主要解决果实发育和花芽分化的矛盾，而且显著促进果实糖分积累和枝条正常老熟。对于晚熟品种，此次追肥可与基肥结合进行。

2. 根外追肥

（1）概念。根外追肥又称为叶面喷肥，是将肥料溶于水中，稀释到一定浓度后直接喷于植株上，通过叶片、嫩梢和幼果等吸收进入体内。主要优点：经济、省工、肥效快、可迅速克服缺素症状。对于提高果实产量和改进品质有显著效果。但是根外追肥不能代替土壤施肥，两者各有特点，只有以土壤施肥为主，根外追肥为辅，相互补充，才能发挥施肥的最大效益。

（2）中国农业科学院果树研究所研发的氨基酸系列叶面

肥。在国家葡萄产业技术体系、国家科技成果转化项目、中国农业科学院创新工程、辽宁省中小企业创新基金、葫芦岛科技攻关重大专项等国家、省部及地方项目的资助下，经多年研究攻关，根据葡萄的年营养吸收运转规律，中国农业科学院果树研究所浆果类果树栽培与生理科研团队研制出氨基酸系列叶面肥（图5-6），获得了国家发明专利（ZL201010199145.0和ZL201310608398.2）并进行批量生产［安丘鑫海生物肥料有限公司，生产批号：农肥（2014）准字3578号］。多年多点的示范推广效果表明，自盛花期开始喷施氨基酸系列叶面肥，可显著改善葡萄的叶片质量，表现为叶片增厚，比叶重增加，栅栏组织和海绵组织增厚，栅海比增大；叶绿素a、叶绿素b和总叶绿素含量增加；同时提高叶片净光合速率，延缓叶片衰老；改善葡萄的果实品质，果粒大小、单粒重及可溶性固形物含量、维生素C含量和SOD酶活性明显增加，使果粒表面光洁度明显提高，并显著提高果实成熟的一致性；显著提高葡萄枝条的成熟度，改善葡萄植株的越冬性；同时显著提高叶片的抗病性。葡萄对矿质营养的需求随生育期的不同而变化，因此，在葡萄不同的生长发育阶段需喷施配方不同的氨基酸叶面肥。具体操作：展3～4片叶开始至花前10天每7～10天喷施1次800～1 000倍的含氨基酸的氨基酸1号叶面肥，以提高叶片质量；花前10天

图5-6　中国农业科学院果树研究所研发的氨基酸系列叶面肥

和2～3天各喷施1次600～800倍的含氨基酸硼的氨基酸2号叶
面肥，以提高坐果率；坐果至果实转色前每7～10天喷施1次
600～800倍的含氨基酸钙的氨基酸4号叶面肥，以提高果实硬
度；果实转色后至果实采收前，每5～10天喷施1次600～800
倍的含氨基酸钾的氨基酸5号叶面肥。

　　根外追肥要注意天气变化。夏天炎热，温度过高，宜在10
时前和16时后进行，以免喷施后水分蒸发过快，影响叶面吸收
和发生肥害；雨前也不宜喷施，免使肥料流失。

四、矿质营养缺素／过剩症

（一）氮

1.症状

　　（1）氮缺乏。植株生长受阻、叶片失绿黄化、叶柄和穗轴
及新梢呈粉红或红色等（图5-7）。氮在植物体内移动性强，可
从老龄组织中转移至幼嫩组织
中，因此，老叶先开始褪绿，
逐渐向上部叶片发展，新叶小
而薄，呈黄绿色，易早落、早
衰；花、芽及果均少，产量低。
　　（2）氮过剩。枝梢旺长，
叶色深绿、严重者叶缘现白盐
状斑、叶片水渍状、变褐，果
实成熟期推迟，果实着色差、风味淡，严重者导致早期穗轴坏
死和后期穗轴坏死（水罐子病）及春热病［Spring Fever，腐胺
（丁二胺）积累，暖后冷凉，似缺钾］的发生（图5-8）。

图5-7　缺氮症状

2.原因

　　（1）氮缺乏。

　　①土壤含氮量低。如沙质土壤，易发生氮素流失、挥发和渗
漏，因而含氮低；或者土壤有机质少、熟化程度低、淋溶强烈的
土壤，如新垦红黄壤等。

②多雨季节，土壤因结构不良而内部积水，导致根系吸收不良，引起缺氮。

③葡萄抽梢、开花、结果所需的养分，主要靠上年贮藏在树体内的养分来满足，如上年栽培不当，会影响树体氮素贮藏，易发生缺氮。

图5-8 氮过量症状（水罐子病）

④施肥不及时或数量不足，易造成秋季抽发新梢及果实膨大期缺氮；大量施用未腐熟的有机肥料，因微生物争夺氮源也易引起缺氮。

（2）氮过剩。

①施氮过多。

②施氮偏迟。

③偏施氮肥，磷、钾等配施不合理，养分不平衡。

3.预防措施

（1）氮缺乏。以增施有机肥提高土壤肥力为基础，合理施肥，加强水分管理。

（2）氮过剩。根据葡萄不同生育期的需氮特性和土壤的供氮特点，适时、适量地追施氮肥，严格控制用量，避免追施氮肥过迟；合理配施磷、钾及其他养分元素，以保持植株体内氮、磷、钾等养分的平衡。

（二）磷

1.症状

（1）磷缺乏。叶小，叶色暗绿，有时红色和紫色品种叶柄及背面叶脉呈紫色或紫红色（图5-9）。黄色或绿色品种则从老叶开始，叶缘先变为金黄色，然后变成褐色，继而失绿，叶片坏死干枯。易落花，果实发育不良，果实成熟期推迟，产量低。

图5-9　缺磷症状

A.红色/紫色品种缺磷　B.黄色/绿色品种缺磷

缺磷对生殖生长的影响早于营养生长的表现。

（2）磷过剩。磷素过多，则抑制氮、钾的吸收，并使土壤中或植物体内的铁不能活化，植株生长不良，叶片黄化，产量降低，还能引起锌不足。

2. 原因

（1）磷缺乏。

①土壤有机质不足；土壤过酸，磷与铁、铝生产难溶性化合物而固定；碱性土壤或施用石灰过多的土壤，磷与土壤中的钙结合，使磷的有效性降低；土壤干旱缺水，影响磷向根系扩散。

②施氮过多，施磷不足，营养元素不平衡。

③长期低温，少光照，果树根系发育不良，影响磷的正常吸收。

（2）磷过剩。主要是由于盲目施用磷肥或一次施磷过多造成。

3. 预防措施

（1）磷缺乏。

①改土培肥。在酸性土壤上配施石灰，调节土壤pH，减少土壤对磷的固定；同时增施有机肥，改良土壤。

②合理施用。酸性土壤宜选择钙镁磷肥、钢渣磷肥等含石灰质的磷肥，中性或石灰性土壤宜选用过磷酸钙。

③水分管理。灌水时最好采用温室内预热的水防止地温过低，以提高地温，促进葡萄根系生长，增加对土壤磷的吸收。

（2）磷过剩。停止施用磷肥，增施氮、钾肥，以消除磷素过剩。

（三）钾

1. 症状

（1）钾缺乏。缺钾时，常引起糖类和氮代谢紊乱，蛋白质合成受阻，植株抗病力降低。早期症状：正在发育的枝条中部叶片叶缘失绿，绿色葡萄品种的叶片颜色变为灰白或黄绿色，而黑色葡萄品种的叶片则呈红色至古铜色，并逐渐向脉间伸展，继而叶向上或向下卷曲。严重缺钾时，老叶出现许多坏死斑点，叶缘枯焦、发脆、早落；果实小，穗紧，成熟度不整齐；浆果含糖量低，着色不良，风味差（图5-10）。

图5-10　缺钾症状

（2）钾过剩。钾过剩阻碍植株对镁、锰和锌的吸收而出现缺镁、锰或缺锌等症状。

2. 原因

（1）钾缺乏。

①土壤供钾不足。红黄壤、冲积物发育的泥沙土、浅海沉

积物发育的沙性土及丘陵山地新垦土壤等，土壤全钾低或质地粗，土壤钾素流失严重，有效钾不足。

②大量偏施氮肥，而有机肥和钾肥施用少。

③高产园钾素携出量大，土壤有效钾亏缺严重。

④土壤中施入过量的钙和镁等元素，因颉颃作用而诱发缺钾。

⑤排水不良，土壤还原性强，根系活力降低，对钾的吸收受阻。

（2）钾过剩。主要是由于施钾过量所至。

3. 预防措施

（1）钾缺乏。

①增施有机肥，培肥地力，合理施用钾肥。

②控制氮肥用量，保持养分平衡，缓解缺钾症的发生。

③排水防渍。防止因地下水位高、土壤过湿，影响根系呼吸或根系发育不良，阻碍果树对钾的吸收。

（2）钾过剩。少施或暂停施用钾肥，合理增施氮、磷肥。

（四）钙

1. 症状

（1）钙缺乏。缺钙使葡萄果实硬度下降，贮藏性变差。缺钙影响氮的代谢或营养物质的运输，不利于铵态氮的吸收，蛋白质分解过程中产生的草酸不能很好地被中和，而对植物产生伤害。新根短粗、弯曲，尖端不久褐变枯死；叶片变小，严重时枝条枯死和花朵萎缩。叶呈淡绿色，幼叶脉间及边缘褪绿，脉间有灰褐色斑点，继而边缘出现针头大的坏死斑，茎蔓先端枯死。新梢嫩叶上形成褪绿斑，叶尖及叶缘向下卷曲，几天后褪绿部分变成暗褐色，并形成枯斑（图5-11）。

（2）钙过剩。钙素过多，土壤偏碱而板结，使铁、锰、锌、硼等成为不溶性，导致果树缺素症的发生。

2. 原因

（1）钙缺乏。

①缺钙与土壤pH或其他元素过多有关，当土壤强酸性时，

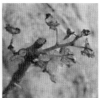

图5-11　缺钙症状

有效钙含量降低，含钾量过高也造成钙的缺乏。

②土壤有效钙含量低。由酸性火成岩或硅质砂岩发育的土壤，以及强酸性泥炭土和蒙脱石黏土，或者交换性钠高、交换性钙低的盐碱土均易引起缺钙。

③施肥不当。偏施化肥，尤其是过多使用生理酸性肥料如硫酸钾、硫酸铵，或在防治病虫害中，经常施用硫黄粉，均会造成土壤酸化，促使土壤中可溶性钙流失，造成缺钙。有机肥用量少，不仅钙的投入少，而且土壤对保存钙的能力也弱，尤其是沙性土壤中有机质缺乏，更容易发生缺钙。

④土壤水分不足。干旱年份因土壤水分不足，易导致土壤中盐浓度增加，会抑制果树根系对钙的吸收。

（2）钙过剩。主要是由于施钙过量所至。

3．预防措施

（1）钙缺乏。

①控制化肥用量，喷施钙肥。对于已发生缺钙严重的果园，不要一次性用肥过多，特别要控制氮、钾肥的用量。

②施用石灰或石膏。对于酸性土壤应施用石灰，一般每提高土壤一个pH单位，即pH从5矫正到6时，每公顷沙性土壤需施100千克消石灰，黏土则需4 000千克消石灰，但一次用量以不超过2 000千克为宜；对于pH超过8.5的果园，应施用石膏，一般用量为每公顷1 200 ～ 1 500千克为宜。

③灌水。土壤干旱缺水时，应及时灌水，以免影响根系对钙的吸收。

（2）钙过剩。少施或暂停施用钙肥。

（五）镁

1. 症状

（1）镁缺乏。缺镁叶片脉间变为黄色，进而成褐色，但叶脉仍保持绿色，呈网状失绿叶，严重时黄化区逐渐坏死，叶片早期脱落。缺镁严重时叶片有枯焦，但叶片较完整。缺镁症状一般从老叶开始，逐渐向上延伸（图5-12）。

图5-12　缺镁症状

（2）镁过剩。镁素过多引起其他元素如钙和钾的缺乏。

2. 镁缺乏发生的原因

（1）含镁低的土壤。如花岗岩、片麻岩、红砂岩及第四纪红色黏土发育的红黄壤。

（2）质地粗的河流冲积物发育的酸性土壤；含钠盐高的盐碱土及草甸碱土。

（3）大量施用石灰、过量施用钾肥以及偏施铵态氮肥，易诱发缺镁。

（4）温暖湿润，高度淋溶的轻质壤土，使交换性镁含量降低。

3. 镁缺乏的预防措施

（1）增施有机肥。土壤施入镁石灰、钙镁磷肥和硫酸镁等含镁肥料，一般镁石灰每公顷施入750～1 000千克，或用钙镁磷肥600～750千克。

（2）叶面喷施氨基酸镁等含镁叶面肥迅速矫正缺镁症。

（六）硼

1. 症状

（1）硼缺乏。新梢顶端叶片边缘出现淡黄色水渍状斑点，以后可能坏死，幼叶畸形，叶肉皱缩，节间短，卷须出现坏死（图5-13）。老叶肥厚，向背反卷。严重缺硼时，主干顶端生长点坏死，并出现小的侧枝，枝条脆，未成熟的枝条往往出现裂缝或组织损伤；花蕾不能正常开放，有时花冠干枯脱落，花帽枯萎依附在子房上，花粉败育，落花落果严重，浆果成熟期不一致，小粒果多，果穗扭曲畸形，产量、品质降低；根系短而粗，肿胀并形成结。

图5-13 缺硼症状

（2）硼过剩。叶片边缘出现淡黄色水渍状斑点，以后可能坏死，向背反卷；叶肉皱缩，节间短，卷须出现坏死。

2. 原因

（1）硼缺乏。

①土壤条件。在耕层浅、质地粗的沙砾质酸性土壤上，由于强烈的淋溶作用，土壤有效硼降至极低水平，极易发生缺硼症。

②气候条件。干旱时土壤水分亏缺，硼的迁移或吸收受抑制，容易诱发缺硼。

③氮肥施用过多。偏施氮肥容易引起氮和硼的比例失调及稀释效应，加重果树缺硼。

④雨水过多或灌溉过量易造成硼离子淋失，尤其是对于沙滩地葡萄园，由此造成的缺硼现象较为严重。

（2）硼过剩。果树硼中毒易发生在硼砂和硼酸厂附近，也可能发生在干旱和半干旱地区，这些地区土壤和灌溉水中含硼量较高，当灌溉水含硼量大于1毫克/升时，就容易发生硼过剩。同时硼肥施用过多或含硼污泥施用过量都会引起硼中毒。

3. 预防措施

（1）硼缺乏。增施有机肥、改善土壤结构、注意适时适量灌水、合理施肥。

（2）硼过剩。控制硼污染；酸性土壤适当施用石灰，可减轻硼毒害；灌水淋洗土壤，减少土壤有效硼含量。

（七）锌

1. 锌缺乏的症状（图5-14）

（1）缺锌枝条细弱，新梢叶小密生，节间短，顶端呈明显小叶丛生状，树势弱，叶脉间叶肉黄化，呈花叶状。

（2）严重缺锌时，枝条死亡，花芽分化不良，落花落果严重，果穗和果实均小，果粒不整齐，无籽小果多，果实大小粒严重，产量显著下降。

2. 锌缺乏发生的原因

（1）土壤条件。缺锌主要发生在中性或偏碱性的钙质土壤和有机质含量低的贫瘠土壤。前者土壤中锌的有效性低，后者有效锌供应不足。

（2）施肥不当。过量施用磷肥不仅对果树根系吸收锌有明显的颉颃作用，而且，还会因为果树体内磷锌比失调而降低锌在体内的活性，诱发缺锌。

3. 预防措施

（1）合理施肥。在低锌土壤上要严格控制磷肥用量；在缺锌土壤上则要做到磷肥与锌肥配合施用；同时还应避免磷肥的

图5-14　缺锌症状

过分集中施用，防止局部磷、锌比失调而诱发葡萄缺锌。

（2）增施锌肥。土施硫酸锌时，每公顷用15～30千克，并根据土壤缺锌程度及固锌能力进行适当调整。值得注意的是，锌肥的残效较明显，因此，无需年年施用。

（3）锌在土壤中移动性很差，在植物体中，当锌充足时，可以从老组织向新组织移动，但当锌缺乏时，则很难移动。

（4）从增施有机肥等措施做起，补充树体锌元素最好的方法是叶面喷施。

（八）铁

1.铁缺乏的症状　新梢叶片失绿，在同一病梢上的叶片，症状自下而上加重，甚至顶芽叶簇几乎漂白；叶脉常保持绿色，且与叶肉组织的界限清晰，形成鲜明的网状花纹，少有污斑杂色及破损（图5-15）。严重缺铁时，白化叶持续一段时间后，在叶缘附近也会出现烧灼状焦枯或叶面穿孔，提早脱落，呈枯梢状；坐果稀少甚至不坐果，果粒变小，色淡无味，品质低劣。

图5-15　缺铁症状

2.铁缺乏发生的原因

（1）土壤条件。缺铁大多发生在碱性土壤上，尤其是石灰性或次生石灰性土壤，如石灰性紫色土及浅海沉积物发育呈的滨海盐土。这是因为：土壤pH高，铁的有效性降低；土壤溶液中的钙离子与铁存在颉颃作用；HCO_3^-积累，使铁活性减弱。另外，土壤中有效态的铜、锌、锰含量过高对铁吸收有明显的颉颃作用，也会引起缺铁症。

（2）施肥不当。大量施用磷肥会诱发缺铁。主要是土壤中过量的磷酸根离子与铁结合形成难溶性的磷酸铁盐，使土壤有效铁减少；果树吸收过量的磷酸根离子也能与铁结合成难溶化合物，影响铁在果树体内的转运，妨碍铁参与正常的代谢活动。

（3）气候条件。多雨促发果树缺铁。雨水过多导致土壤过湿，会使石灰性土壤中的游离碳酸钙溶解产生大量HCO_3^-，同时由通气不良、根系和微生物呼吸作用产生的CO_2不能及时逸出到大气中也引起HCO_3^-的积累，从而降低铁有效性，导致缺铁。

3. 铁缺乏的预防措施

（1）改良土壤。矫正土壤酸碱度，以改善土壤结构和通气性，提高土壤中铁的有效性和葡萄根系对铁的吸收能力。

（2）合理施肥。控制磷、锌、铜、锰肥及石灰质肥料的用量，以避免这些营养元素过量对铁的颉颃作用。

（3）选用耐缺铁砧木，能有效预防缺铁症的发生；施用铁肥，如氨基酸铁，采取多次叶面喷施、树干注射和埋瓶等方法。

（4）缺铁症一旦发生，其矫正比较困难，应以预防为主。

（九）锰

1. 症状

（1）锰缺乏。缺锰新叶脉间失绿，呈淡绿色或淡黄绿色，叶脉仍保持绿色，但多为暗绿色，失绿部分有时会出现褐斑，严重时失绿部分呈苍白色，叶片变薄，提早脱落，形成秃枝或枯梢；根尖坏死；坐果率降低，果实畸形，果实成熟不均匀等（图5-16）。

图5-16　缺锰症状

（2）锰过剩。功能叶叶缘失绿黄化甚至焦枯，呈棕色至黑褐色，提早脱落。

2.原因

（1）锰缺乏。

①土壤条件。多发生在耕层浅、质地粗的山地沙土和石灰性土壤，如石灰性紫色土和滨海盐土等。前者地形高凸，淋溶强烈，土壤有效锰供应不足；后者pH高，锰的有效性低。

②耕作管理措施不当。过量施用石灰等强碱性肥料，会使土壤有效锰含量在短期内急剧降低，从而诱发缺锰。另外，施肥及其他管理措施不当，也会导致土壤溶液中铜、铁、锌等离子含量过高，引起缺锰症的发生。

（2）锰过剩。

①施肥不当。大量施用铵态氮肥及酸性和生理酸性肥料，会引起土壤酸化，水溶性锰含量剧增，导致锰过剩症的发生。

②气候条件。降水过多，土壤渍水，有利于土壤中锰的还原，活性锰增加，促发锰过剩症。

3.预防措施

（1）锰缺乏。

①改良土壤。一般可施入有机肥和硫黄。

②土壤和叶面施肥。每公顷土壤施入15～30千克硫酸锰，叶面喷施氨基酸锰或硫酸锰（0.05%～1.0%）可迅速矫正。

（2）锰过剩。

①改良土壤环境。适量施用石灰（每公顷750～1 500千克）中和土壤酸度，可降低土壤中锰的活性。此外，应加强土壤水分管理，及时开沟排水，防止因土壤渍水而使大量锰还原，促发锰中毒。

②合理施肥。施用钙镁磷肥、草木灰等碱性肥料及硝酸钙、硝酸钠等生理碱性肥料，可中和部分土壤酸度，降低土壤中锰的活性。尽量少施过磷酸钙等酸性肥料和硫酸铵等生理酸性肥

料，避免诱发锰中毒症。

（十）氯

1. 氯中毒的症状　叶面受害植株叶片边缘先失绿，进而变成淡褐色，并逐渐扩大到整叶，经过1～2周开始落叶，叶片先脱落，进而叶柄脱落（图5-17）。受害严重时，造成整株落叶，随着果穗萎蔫，青果转为紫褐色后脱落，新梢枯萎，新梢上抽生的副梢也受害，引起落叶、枯萎，最终引起整株枯死。

图5-17　氯中毒症状

2. 氯中毒发生的原因　施肥不当。大量施用氯化钾或氯化铵及含氯复混肥是引起果树氯害的主要原因，尤其是将肥料集中施在根际附近时更易引起受害。

3. 氯中毒的预防措施

（1）控制含氯化肥的施用，特别是控制含氯化钾和氯化铵的"双氯"复混肥及鸡粪等农家肥的施用量，以防因氯离子过多而造成对果树的危害。

（2）当发现产生氯害时，应及时把施入土中的肥料移出，同时叶面喷施氨基酸钾、硒等叶面肥（中国农业科学院果树研究所研制）以恢复树势。如严重，需进行重剪，以尽快恢复其生产能力。

第三节　灌溉与排水

一、灌溉

（一）鲜食葡萄的需水规律

葡萄植株需水有明显的阶段特异性，从萌芽至开花对水分需求量逐渐增加，开花后至开始成熟前是需水最多的时期，幼果第一次迅速膨大期对水分胁迫最为敏感，进入成熟期后，对水分需求变少、变缓。

（二）鲜食葡萄的适宜灌溉时期

葡萄的耐旱性较强，只要有充足、均匀的降水一般不需要灌溉。但我国大部分葡萄生长区降水量分布不均匀，多集中在葡萄生长中后期，而在生长前期则干旱少雨，因此，根据具体情况，适时灌水对葡萄的正常生长十分必要。

1. 催芽水　北方当葡萄出土上架至萌芽前 10 天，结合追肥而灌 1 次水，又称为催芽水，促进植株萌芽整齐，有利新梢早期迅速生长。埋土区在葡萄出土上架后，结合施催芽肥立即灌水。埋土浅的区域，常因土壤干燥而引起抽条。因此，在葡萄出土前、早春气温回升后灌一次水，能明显防止抽条。南方葡萄萌芽期、开花期，正是雨水多的季节，不缺水，要注意排水。

2. 促花水　北方春季干旱少雨，葡萄从萌芽至开花需 44 天左右，一般灌 1～2 次水，又称为催穗水，促进新梢、叶片迅速生长和花序的进一步分化与增大。花前最后一次灌水，不应迟于始花前 1 周。这次水要灌透，使土壤水分能保持到坐果稳定后。北方个别园忽视花前灌水，一旦出现较长时间的高温干旱天气，即会导致葡萄花期前后出现严重的落蕾落果，尤其是中庸或弱树势的植株较重。开花期切忌灌水，以防加剧落花落果。但对易产生大小果且坐果过多的品种，花期灌水可起疏果和疏小果的作用。

3. 膨果水　坐果后至浆果种子发育末期的幼果发育期，结合施肥进行灌水，此期应有充足的水分供应。随果实负载量的不断增加，新梢的营养生长明显变缓变弱。此期应加强肥水，增强副梢叶量，防止新梢过早停长。灌水次数视降水情况酌定。进入7月后，降水增多，此时葡萄处于种子发育后期，要加强灌水，防止高温干旱引起表层根系伤害和早期落叶。沙土区葡萄根群分布极浅，枝叶嫩弱，遇干旱极易引起落叶。试验结果表明，先期水分丰富、后期干燥区落叶最甚，同时影响其他养分的吸收，尤其是磷的吸收，其次是钾、钙、镁的吸收。土壤保持70%田间持水量，果个及品质最优。过湿区（70%～80%）则影响糖度的增加。

4. 转色成熟水　果实转色至成熟期，在干旱年份，适量灌水对保证产量和品质有好处。但在葡萄浆果成熟前应严格控制灌水，对于鲜食葡萄应于采前15～20天停止灌水。这一阶段如遇降水，应及时排水。

5. 采后水　采果后，结合施基肥灌水一次，促进营养物质的吸收，有利于根系的愈合及发生新根；遇秋旱时应灌水。

6. 封冻水　在葡萄埋土前，应灌一次透水，以利于葡萄安全越冬。

以上各灌溉时期，应根据当时的天气状况决定是否灌水和灌水量的大小。强调浇匀、浇足、浇遍，不得跑水或局部积水，地块太顺的要求打拦水格，保证浇透。

（三）鲜食葡萄的适宜灌水量及灌溉的植物学标准

葡萄的适宜灌水量：一次灌水中使葡萄根系集中分布范围内的土壤湿度达到最有利于生长发育的程度，一般以湿润80～100厘米宽（主干为中心）、0～40厘米深的土层即可，过深不仅会浪费水资源，而且影响地温的回升。多次只浸润表层的浅灌，既不能满足根系对水分的需要，又容易引起土壤板结和温度降低，因此要一次灌透（图5-18）。

1. 萌芽前后至开花期　葡萄上架后，应及时灌水，此期正

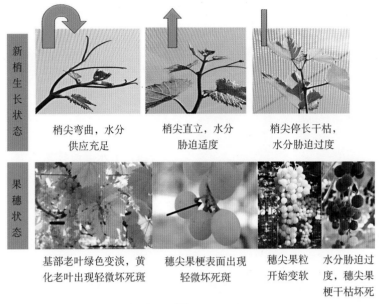

<table>
<tr><td rowspan="2">新梢生长状态</td></tr>
</table>

新梢生长状态	梢尖弯曲，水分供应充足	梢尖直立，水分胁迫适度	梢尖停长干枯，水分胁迫过度
果穗状态	基部老叶绿色变淡，黄化老叶出现轻微坏死斑	穗尖果梗表面出现轻微坏死斑	穗尖果粒开始变软　水分胁迫过度，穗尖果梗干枯坏死

图5-18　灌溉的植物学标准

是葡萄开始生长和花序原基继续分化的时期，及时灌水可促进发芽率整齐和新梢健壮生长。此期葡萄根系集中分布范围内的土壤湿度应保持在田间最大持水量的65%～75%。

2.坐果期　此期为葡萄的需水临界期。如水分不足，叶片和幼果争夺水分，常使幼果脱落，严重时导致根毛死亡，地上部生长明显减弱，产量显著下降。此期葡萄根系集中分布范围内的土壤湿度应保持在田间最大持水量的60%～70%，此期适度干旱可使授粉受精不良的小青粒自动脱落，减少人工疏粒用工量。

3.果实迅速膨大期　此期既是果实迅速膨大期又是花芽大量分化期，及时灌水对果树发育和花芽分化有重要意义。此期葡萄根系集中分布范围内的土壤湿度应保持在田间最大持水量的65%～75%，此期应保持新梢梢尖呈直立生长状态。

4.浆果转色至成熟期　此期，葡萄根系集中分布范围内的土壤湿度应保持在田间最大持水量的55%～65%，以维持基部叶片颜色略微变浅为宜，待果穗尖部果粒比上部果粒软时需要及时灌水。

5.采果后和休眠期 采果后结合深耕施肥适当灌水，有利于根系吸收和恢复树势，并增强后期光合。冬季土壤冻结前，必须灌一次透水，冬灌不仅能保证植株安全越冬，同时对翌年生长结果也十分有利。

图5-19 根系分区交替灌溉

（四）节水灌溉技术

在葡萄生产中主要有沟灌、滴灌、微喷灌、根系分区交替灌溉等节水灌溉技术（图5-19至图5-22）。

图5-20 滴 灌

图5-21 文丘里施肥器

图5-22　水肥一体化

1.沟灌　沟灌是目前生产中采用最多的一种灌溉方式，即顺行向做灌水沟，通过管道将水引入浇灌。沟灌时的水沟宽度一般为0.6～1.0米。与漫灌相比，可节水30%左右。

2.滴灌　滴灌是通过特制滴头以点滴的方式，将水缓慢地送到作物根部的灌水方式。滴灌的应用从根本上改变了灌溉的概念，从原来的"浇地"变为"浇树、浇根"。滴灌可明显减少逐渐蒸发损失，避免地面径流和深层渗漏，可节水、保墒、防止土壤盐渍化，而且不受地形影响，适应性广。

滴灌优点：

①节水，提高水的利用率。传统的地面灌溉需水量极大，而真正被作物吸收利用的量却不足总供水量的50%，这对我国大部分缺水地区无疑是资源的巨大浪费，而滴灌的水分利用率却高达90%左右，可节约大量水分。

②减小果园空气湿度，减少病虫发生。采用滴灌后，果园的地面蒸发大大降低，果园内的空气湿度与地面灌溉园相比会显著下降，减轻了病虫害的发生和蔓延。

③提高劳动生产率。在滴灌系统中有施肥装置，可将肥料

随灌溉水直接送入葡萄植株根部，减少了施肥用工，并且肥效提高，节约肥料。

④降低生产成本。由于减少果园灌溉用工，实现了果园灌溉的自动化，从而使生产成本下降。

⑤适应性强。滴灌不用平整土地，灌水速度可快可慢，不会产生地面径流或深层渗漏，适用于任何地形和土壤类型。如果滴灌与覆盖栽培相结合，效果更佳。

3. 微喷灌 为了克服滴灌设施造价高且滴灌带容易堵塞的问题，同时又要达到节水的目的，我国独创了微喷灌的灌溉形式。微喷灌即将滴灌带换为微喷灌带即可，而且对水的干净程度要求较低，不易堵塞微喷口。微喷灌带即在灌溉水带上均匀打眼即成微喷灌带。但微喷灌带能够均匀灌溉的长度不如滴灌带长。

4. 根系分区交替灌溉 根系分区交替灌溉是在植物某些生育期或全部生育期交替对部分根区进行正常灌溉，其余根区则受到人为的水分胁迫的灌溉方式，刺激根系吸收补偿功能，调节气孔保持最适开度，达到以不牺牲光合产物积累、减少奢侈蒸腾而节水高产优质的目的。中国农业科学院果树研究所浆果类果树栽培与生理科研团队试验结果表明：根系分区交替灌溉可以有效控制营养生长，修剪量下降，显著降低用工量；同时显著改善果实品质；显著提高水分和肥料利用率，与全根区灌溉相比，根系分区交替灌溉可节水30%～40%。该灌溉方法与覆盖栽培、滴灌或微喷灌相结合效果更佳。

二、排水

葡萄在降水量大的地区，如土壤水分过多，会引起枝蔓徒长，延迟果实成熟，降低果实品质，严重的会造成根系缺氧，抑制呼吸，引起植株死亡。因此，在果园设计时应安排好果园排水系统。排水沟应与道路建设、防风林设计等相结合，一般在主干路的一侧，与园外的总排水干渠相连接，在小区的作业道一侧设有排水支渠。如果条件允许，排水沟以暗沟为好，可方便田间作业，但在雨季应及时打开排水口，及时排水。

第四节　无土栽培

一、概念

无土栽培（soilless culture）是指不用土壤而用基质（珍珠岩、蛭石、草炭、椰糠、河沙等）固定植株，以营养液灌溉提供作物养分需求的栽培方法（图5-23、图5-24）。由于无土栽培可人工创造良好的根际环境以取代土壤环境，有效防止土壤连作病害及土壤盐分积累造成的生理障碍，而且可实

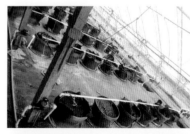

图5-23　葡萄无土栽培

（中国农业科学院果树研究所葡萄核心技术试验示范园，珍珠岩作为栽培基质）

图5-24 葡萄无土栽培

（新疆生产建设兵团第八师，沙漠细沙栽培基质，2016年5月中旬定植，9月16日拍摄）

现非耕地（如戈壁、沙漠、盐碱地等）的高效利用；同时，根据作物不同生育阶段对各矿质养分需求的不同更换营养液配方，使营养供给充分满足作物对矿质营养、水分、气体等环境条件的需要，栽培用的基本材料又可以循环利用，因此，具有节水、省肥、环保、高效、优质等特点。

二、生产技术规程

中国农业科学院果树研究所浆果类果树栽培与生理科研团队经过多年科研攻关，使中国成为世界上第一个葡萄无土栽培取得成功的国家。在对葡萄矿质营养年吸收运转规律研究的基础上，研发出配套无土栽培设备，筛选出设施无土栽培适宜品种（87-1和京蜜最佳，其次是夏黑和金手指），研制出无土栽培营养液，制订出葡萄无土栽培技术规程。

（一）无土栽培营养液的种类与配制

1. 无土栽培营养液的种类 无土栽培营养液分为幼树阶段和结果树阶段两大类，幼树阶段包括幼树1号和幼树2号，结果树阶段包括结果树1号至结果树5号，每配方均分为A、B、C 3种组分。

2. 无土栽培营养液的配制 配制时，A、B、C 3种组分均需单独溶解，充分溶解后混匀，切记不能直接混合溶解，否则会出现沉淀，影响肥效。不同品种的浓度需求不同，此包装配方肥料87-1和京蜜需要用水150升溶解，夏黑和金手指用水75升溶解。在配制营养液时，首先用HNO₃或NaOH将水的pH调至6.5～7.0为宜。

（二）幼树营养液的使用说明（栽培基质：珍珠岩）

1.育壮期 定植后开始，前期育壮，用幼树1号无土栽培营养液。萌芽前及初期30天更换一次营养液，新梢开始生长每20天更换一次营养液，一般更换5次营养液。一般情况下，萌芽前3天循环一次营养液，萌芽后5天循环一次营养液【以87-1为例：3月15日至4月15日，3天循环一次；4月15日至5月15日，5天循环一次；5月15日至6月5日，5天循环一次；6月5日至6月25日，5天循环一次；6月25日至7月15日，5天循环一次】。

2.促花期 促花期开始，用幼树2号无土栽培营养液。每20天更换一次营养液，一般更换4次营养液，每5天循环一次营养液；落叶期开始，营养液不再更换，每7天循环一次营养液，切忌设施内营养液温度低于0℃【以87-1为例：7月15日至8月10日，5天循环一次；8月10日至9月5日，5天循环一次；9月5日至9月30日，5天循环一次；9月30日至11月20日，7天循环一次】。

（三）结果树营养液的使用说明（栽培基质：珍珠岩）

1.只生产一次果（一年一收栽培模式）的使用说明

（1）萌芽前至花前。此期用结果树1号无土栽培营养液。结果树1号无土栽培营养液一般更换2次，萌芽前及萌芽初期每3天循环一次营养液，新梢开始生长至花前每5天循环一次营养液【以87-1为例：11月25日至12月25日（萌芽前及萌芽初期），3天循环一次营养液；12月25日至1月25日（新梢开始生长至花前），5天循环一次营养液】。

（2）花期。此期用结果树2号无土栽培营养液。结果树2号营养液一般配制一次，每5天循环一次【以87-1为例：1月25日至2月15日，5天循环一次营养液】。

（3）幼果发育期。此期用结果树3号无土栽培营养液。结树3号营养液一般更换3次，每2～3天循环一次【以87-1为例：2月15日至3月1日，3月1日至3月16日，3月16日至4月1日，3天循环一次营养液】。

（4）果实转色至成熟采收。此期用结果树4号无土栽培营养液。结果树4号营养液一般配制1次，如此期超过20天需再更换一次4号营养液，每3～5天循环一次营养液【以87-1为例：4月1日至采收，5天循环一次营养液，但对于易裂果品种如京蜜需2天循环一次营养液，采收前5天停止循环营养液】。

（5）果实采收后至落叶。此期用结果树5号无土栽培营养液。结果树5号营养液一般更换4次，每5～7天循环一次。

2. 生产两次果（一年两收栽培模式）的使用说明（栽培基质：珍珠岩） 一年两收栽培模式，仅适合耐弱光品种如87-1、华葡紫峰和京蜜等，非耐弱光品种不能生产两次果。

前期（升温至果实采收结束）与只生产一次果（一年一收栽培模式）的使用说明相同；后期二次果生产：果实采收后1周留6个饱满冬芽修剪（剪口芽叶片和所有节位副梢去除，剪口芽涂抹4倍中国农业科学院果树研究所研发的破眠剂1号），开始二次果生产。

（1）萌芽前至花前。此期用结果树1号无土栽培营养液。结果树1号营养液一般配制1次，萌芽前及萌芽初期每3天循环一次营养液，新梢开始生长至花前每5天循环一次营养液。

（2）花期。此期用结果树2号无土栽培营养液。结果树2号营养液一般配制1次，每5天循环一次营养液。

（3）幼果发育期。此期用结果树3号无土栽培营养液。结果树3号营养液一般更换3次，每2～3天循环一次营养液。

（4）果实转色至成熟采收。此期用结果树4号无土栽培营养液。结果树4号营养液一般配制1次，如此期超过20天需再更换一次4号营养液，每3～5天循环一次营养液，但对于易裂果品种如京蜜需2天循环一次营养液，采收前5天停止循环营养液。

（5）果实采收后至落叶。此期用结果树5号无土栽培营养液。结果树5号营养液一般更换1~2次，每5~7天循环一次。

（四）无土栽培盆栽的使用说明

营养液配制与幼树营养液和结果树营养液使用说明相同，只是营养液循环次数改为1天3次。

（五）注意事项

1.温度高水分蒸腾快时酌情缩短营养液循环间隔时间，在营养液使用期内若发现水分损失过快，需适当添加水分，防止营养液浓度过高出现肥害。

2.上述循环间隔时间是以珍珠岩为栽培基质，如果栽培基质更换为其他基质需根据实际情况调整。

第六章　花果管理

第一节　花穗整形

一、花穗整形的作用

1. **控制果穗大小，利于果穗标准化**　一般葡萄花穗有 1 000 ~
1 500 个小花，正常生产仅需 50 ~ 100 个小花结果，通过花穗整
形，可以控制果穗大小，符合标准化栽培的要求。例如，日本
商品果穗要求 450 ~ 500 克/穗。

2. **提高坐果率，增大果粒**　通过花穗整形有利于花期营养
集中，提高保留花朵的坐果率，有利于增大果实。

3. **调节花期一致性**　通过花穗整形可使开花期相对一致，对
于采用无核化或膨大处理，有利于掌握处理时间，提高无核率。

4. **调节果穗的形状**　通过花穗整形，可按人为要求调节果
穗形状，整成不同形状的果穗，如利用副穗，把主穗疏除大部
分，形成情侣果穗。

5. **减少疏果工作量**　葡萄花穗整形，疏除小穗，操作比较
容易，一般疏花穗后疏果量较少或不需要疏果。

二、花穗整形的操作

（一）无核栽培模式花穗整形

1. **花穗整形的时期**　开花前 1 周到花初开为最适宜时期。

2. **花穗整形的方法**

（1）巨峰系如巨峰、藤稔、夏黑、先锋、巨玫瑰、醉金香
等品种。在我国南方地区一般留穗尖 3 ~ 3.5 厘米，8 ~ 10 段小

穗，50～55个花蕾，400～500克/穗；在我国北方地区一般留穗尖4.5～6.5厘米，12～18段小穗，60～100个花蕾，500～700克/穗。

（2）二倍体品种如魏可和87-1等品种。在我国南方地区一般留穗尖4～5厘米，在我国北方地区一般留穗尖5.5～6.5厘米。

（3）幼树和坐果不稳定的树体。适当轻剪穗尖（去除5个花蕾左右）。

（4）穗尖畸形。如穗尖出现分枝、扁平等情况时，需将穗尖畸形部分剪除。

（二）有核栽培模式花穗整形

巨峰、白罗莎里奥、美人指等品种间有核栽培的花穗管理差异教大。四倍体巨峰系品种总体结实性较差，不进行花穗整理容易出现果穗不整齐现象。二倍体品种坐果率高，但容易出现穗大、粒小、含糖量低、成熟度不一致等现象（图6-1至图6-5）。

1. 巨峰系品种

（1）花穗整形的时期。一般小穗分离，小穗间可以放入手指，大概开花前1～2周到花初开。过早，不易区分保留部分，过迟，影响坐果。栽培面积较大的情况，先去除副穗和上部部分小穗，到时保留所需的花穗。

（2）花穗整形的方法。副穗及以下8～10小穗去除，保留15～20小穗，去穗尖；花穗很大（花芽分化良好）时保留下部15～20小穗，不去穗尖。开花前5.0～6.5厘米为宜，果实成熟

图6-1　花穗留穗尖圆锥形整形

图6-2　花穗穗尖分枝

A.剪除穗尖前　B.分枝穗尖剪除后

图6-3　花穗穗尖扁平

A.剪除穗尖前　B.扁平穗尖剪除后

时果穗呈圆球形（或圆筒形)400～700克。

2.二倍体品种

（1）花穗整形的时期。花穗上部小穗和副穗花蕾有开花时到花盛开时结束，对于坐果率高的品种可

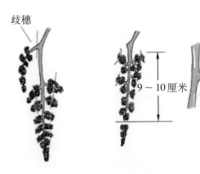

图6-4　花穗留中间圆柱形整形

图6-5　花穗未整形（对照）

于花后整穗。

（2）花穗整形的方法。为了增大果实用GA₃处理的，可利用花穗下部16～18段小穗（开花时6～7厘米）穗尖基本不去除（或去除几个花蕾3～3.5毫米）；常规栽培（不用GA₃），花穗留先端18～20段小穗，8～10厘米，穗尖去除1厘米。

第二节　果穗管理

一、疏穗

（一）疏穗的基本原则

根据树的负担能力和目标产量决定。树体的负担能力与树龄、树势、地力、施肥量等有关；如果树体的负担能力较强，可以适当地多留一些果穗；而对于弱树、幼树、老树等负担能力较弱的树体，应少留果穗。树体的目标产量则与品种特性和当地的综合生产水平有关，如果品种的丰产性能好，当地的栽培技术水平也较高，则可以适当地多留果穗；反之，则应少留果穗。

（二）疏穗的时期

一般情况下疏穗越早越好，可以减少养分的浪费以便更集中养分供应果粒的生长。但是每一果穗的着生部位、新梢的生长情况、树势、环境条件等都对除穗的时期有所影响。对于生长势较强的树种，花前的除穗可以适当轻一些，花后的程度可以适当重一些；对于生长势较弱的品种，花前的除穗可以适当重一些（图6-6、图6-7）。

（三）合理负载量的确定

从果实品质和产量综合考虑，产量宜控制在每667米²750～2 000千克（光照良好地区产量以每667米²1 500～2 000千克为宜，光照一般地区产量以每667米²1 000～1 500千克为宜，光照较差地区产量以每667米²750～1 000千克为宜），如产量过

图6-6　不同果实负载量（梢果比）的果穗表现

图6-7　负载量过大，成熟推迟且着色不良

高，必将影响果实品质。葡萄单位面积的产量＝单位面积的果穗数×果穗重，而果穗重＝果粒数×果粒重。因此，可以根据目标（计划）产量和品种特性就可以确定单位面积的留果穗数。品种的特性决定了该品种的粒重，可以依据市场上对果穗要求的大小和所定的目标产量准确地确定单位面积的留果穗数。中国农业科学院果树研究所研究表明：在单穗重500克左右、新梢长度＞1.2米的条件下，综合考虑果实品质和产量，梢果比以（1～1.5）：1为宜（即负载500克果实，需对应20～30片以上

功能叶），除去着粒过稀/密的果穗，选留着粒适中的果穗。

二、疏粒

疏粒是将每穗的果粒调整到一定要求的一项作业，其目的在于促使果粒大小均匀、整齐、美观，果穗松紧适中，防止落粒，便于贮运，以提高其商品价值。

（一）疏粒的基本原则

果粒大小除了受到本身品种特性的影响外，还受到开花前后子房细胞分裂和在果实生长过程中细胞膨大的影响。要使每一品种的果粒大小特性得到充分发挥，必须确保每一果粒中的营养供应充足，也就是说果穗周围的叶片数要充分。另外，果粒与果粒之间要留有适当的发展空间，这就要求栽培者必须根据品种特性进行适当的疏粒。每穗的果实重、果粒数和平均果粒重都有一定的要求。巨峰葡萄如果每果粒重要求在12克左右，而每穗果实重300～350克，则每穗的果粒数要求在25～30粒。

（二）疏粒的时期

对大多数品种在结实稳定后越早进行疏粒越好，增大果粒的效果也越明显。但对于树势过强且落花落果严重的品种，疏粒时期可适当推后；对有种子果实来说，由于种子的存在对果粒大小影响较大，最好等落花后能区分出果粒是否含有种子时再进行为宜，比如巨峰、藤稔要求在盛花后15～25天完成这一项作业。

（三）疏粒的操作

不同的品种疏粒的方法有所不同，主要分为除去小穗梗和除去果粒两种方法，对于过密的果穗要适当除去部分支梗，以保证果粒增长的适当空间，对于每一支梗中所选留的果粒数也不可过多，通常果穗上部可适当多一些，下部适当少一些，虽然每一个品种都有其适宜的疏粒方法，但只要掌握了留支梗的数目和疏粒后的穗轴长短，一般不会出现太大问题（图6-8、图6-9）。

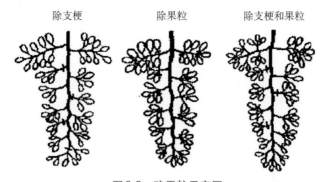

除支梗　　　　除果粒　　　除支梗和果粒

图6-8　疏果粒示意图

图6-9　果粒疏除

A.疏粒前　B.疏粒后

第三节　合理使用植物生长调节剂

植物激素是指广泛存在于高等植物中的、以极其微量的浓度（剂量）调节植物生长发育过程的一些小分子化合物，目前普遍认可的植物激素有五大类，即生长素（auxin）、赤霉素（gibberellin）、细胞分裂素（cytokinin）、乙烯（ethylene）和脱落酸（abscisic acid）。植物激素在植物体内含量少作用大，人们希望利用其来调控植物的生长过程，但其含量极低，难以提取出来应用于生产。

植物生长调节剂则是人类开发的、与植物内源激素有相似或相同结构和相似功能的产物。它们有的是化学合成的，有的是利用微生物发酵提取的。

葡萄是我国应用植物生长调节剂最早的农作物，早在1964年我国新疆的无核白就已开始用赤霉素增大果粒。葡萄上应用的植物生长调节剂主要有赤霉素类、细胞分裂素类、乙烯、脱落酸及生长素类（图6-10）。其中生长素类主要应用于扦插育苗，以IBA为主，20～100毫克/升浸或蘸插穗下端，促进生根。乙烯利是释放乙烯主要产品，用于促进落叶和促进果皮上色，但易引起落粒。ABA在植物体内含量极低，近年来由于发现了合成ABA的高产菌株，微生物发酵实现了工业化生产，S-ABA的应用得到扩展，在调控葡萄生长、促进叶片光合产物向果实内的转运、促进着色等方面有积极作用，受到广泛重视，但生产应用远不够

图6-10　植物生长调节剂处理器具

广泛。目前生产上应用最广泛的植物生长调节剂依然是赤霉素类和细胞分裂素类。

一、赤霉素（GA₃、九二〇）

赤霉素是一类二萜类化合物，已知的至少有38种，葡萄应用的主要是赤霉酸（GA₃）。1957年美国加州大学戴维斯分校

的Robert J. Weaver 等发现了GA促进无核白葡萄果粒膨大的作用，迅速在加州产区得到应用，到1962年GA处理果穗促进无核白果实膨大已成为加州产区的常规技术大规模应用。1958年，日本山梨县果树试验场岸光夫先生在用赤霉素处理促进玫瑰露果粒膨大的实验中，发现了其诱导无核的效果，成为全球葡萄产业界的一次重大发现。赤霉酸是应用最早、最广泛的一种赤霉素，在欧美、日本和我国等广泛应用，以后又推出了赤霉素GA$_{4+7}$，已作为梨树果实的膨大剂先后在日本和我国使用（图6-11）。赤霉酸在葡萄的应用有以下几个方面：拉长果穗；诱导无核；保果；促进果粒膨大。

（一）赤霉素的施用

1. 国内的研究进展 国内关于赤霉酸的应用有不少研究。

（1）穗轴拉长。浓度一般5～7毫克/升，在展叶5～7片时浸渍花穗即可。

（2）诱导无核。一般用12.5～25毫克/升，大多数品种在初

图6-11 巨峰花期遇连续阴雨天，赤霉素处理保果效果

A.处理 B.对照

花期到盛花后3天内处理有效。无核处理时添加MS（链霉素）200毫克/升可提前或推后到花前至花后1周左右，处理适宜时间扩大、无核率更高。

（3）保果。一般在落花时进行，一般用12.5～25毫克/升水溶液浸渍或喷布果穗，此期处理容易导致无核，若单单保果，可单用或添加氯吡脲3～5毫克/升保果效果更好。

（4）促进果粒膨大。一般在盛花后10～14天进行，浓度一般用25～50毫克/升，浸渍或喷布果穗即可，此时添加5～10毫克/升氯吡脲膨大效果更好。

2.国际的研究进展 在国际上，日本关于赤霉素的应用技术研究更细致，在此简介于后，供参考。需要声明的是，日本的处理技术仅供参考，应用时一定要先进行小面积试验，取得经验后再大面积使用。表6-1是依据日本协和发酵生物株式会社的资料整理的日本葡萄各种品种的赤霉酸应用方法。

（二）赤霉素施用的注意事项

（1）不同的葡萄品种对GA_3的敏感性不同，使用前要仔细核对品种的适用浓度、剂量和物候期，并咨询有关专家和机构。

（2）对GA_3处理表中没有的葡萄品种可参照相近品种类型（欧亚种、美洲种、欧美杂交种）进行处理，但要咨询有关专家或专业机构使用。

（3）树势过弱及母枝成熟不好的树，GA_3使用效果差，避免使用。树势稍强的树效果好，但树势过于强旺时，反而效果变差，要加强管理，维持健壮中庸偏强的树势。

（4）花穗开花早晚不同，应分批分次进行，特别是第一次诱导无核处理时，时期（物候期）更要严格掌握。时期的掌握主要根据历年有效积温累积判断，也可参照其他物候指标判断，例如，盛花前14天左右的物候指标：展叶12～13片，花穗的歧穗与穗轴成90°角，花穗顶端的花蕾稍微分开，此时花冠长度应在2.0～2.2毫米，花冠的中心部有微小的空洞。

（5）使用GA_3处理保果的同时会促进果粒膨大，着果过密，

表6-1 适宜赤霉酸处理的葡萄品种、方法和范围

（2011年2月2日更新登录，登录号：农林水产省登录，第6007号）

作物名	使用目的	使用浓度	使用时期	使用次数	使用方法	含GA₃农药总使用次数
美洲种二倍体品种（无核栽培）（希姆劳德除外）	诱导无核、膨大果粒	第一次：GA₃100毫克/升；第二次：GA₃75~100毫克/升	第一次：盛花前14天前后；第二次：盛花后10天前后	2次，但因降水等需再行处理时总计不得超过4次	第一次：花穗浸渍；第二次：果穗浸渍或果穗喷布	2次，但因降水等需再行处理时总计不得超过4次
希姆劳德（西姆劳特）	膨大果粒	GA₃100毫克/升	坐果后	1次，但因降水等需再行处理时总计不得超过2次	果穗浸渍	1次，但因降水等需再行处理时总计不得超过2次
玫瑰露（无核栽培）	诱导无核、膨大果粒	第一次：GA₃100毫克/升；第二次：GA₃75~100毫克/升	第一次：盛花前14天左右；第二次：盛花后10天左右	2次，但因降水等需再行处理时总计不得超过4次	第一次：花穗浸渍；第二次：果穗浸渍或果穗喷布	2次，但因降水等需再行处理时总计不得超过4次
二倍体美洲种葡萄（有核栽培）（康拜尔早生除外）	膨大果粒	GA₃50毫克/升	盛花后10~15天	1次，但因降水等需再行处理时总计不得超过2次	果穗浸渍	1次，但因降水等需再行处理时总计不得超过2次
康拜尔早生（有核栽培）	拉长果穗	GA₃3~5毫克/升	盛花前20~30天（展叶3~5片）	1次	花穗喷布	2次以内，但因降水等需再行处理时总计不得超过3次

（续）

作物名	使用目的	使用浓度	使用时期	使用次数	使用方法	含GA₃农药总使用次数
二倍体欧亚种葡萄（无核栽培）	诱导无核、膨大果粒	第一次：$GA_3$25毫克/升，第二次：$GA_3$25毫克/升	第一次：盛花—盛花后3天；第二次：盛花后10~15天	2次，但因降水等需再行处理时总计不超过4次	第一次：花穗浸渍；第二次：果穗浸渍	2次，但因降水等需再行处理时总计不超过4次
阳光玫瑰（无核栽培）	诱导无核、膨大果粒	$GA_3$25毫克/升+氯吡脲10毫克/升	盛花后3~5天（落花期）	1次，但因降水等需再行处理时总计不超过2次	花穗浸渍	2次，但因降水等需再行处理时总计不超过4次
二倍体欧亚种葡萄（有核栽培）	膨大果粒	$GA_3$25毫克/升	盛花后10~20天	1次，但因降水等需再行处理时总计不超过2次	果穗浸渍	1次，但因降水等需再行处理时总计不超过2次
三倍体品种（金玫瑰露、无核蜜除外）	保果、膨大果粒	第一次：$GA_3$25~50毫克/升，第二次：$GA_3$25~50毫克/升	第一次：盛花—盛花后3天后；第二次：盛花后10~15天	2次，但因降水等需再行处理过4次	第一次：花穗浸渍；第二次：果穗浸渍	2次，但因降水等需再行处理时总计不超过4次
金玫瑰露	保果、膨大果粒	第一次：$GA_3$50毫克/升，第二次：$GA_3$50~100毫克/升	第一次：盛花—盛花后3天；第二次：盛花后10~15天	2次	第一次：花穗浸渍；第二次：果穗浸渍或喷布	2次
无核蜜	保果、膨大果粒	$GA_3$100毫克/升	盛花后3~6天	1次，但因降水等需再行处理过2次总计不超过2次	花穗或果穗浸渍或喷布	1次，但因降水等需再行处理时总计不超过2次

（续）

作物名	使用目的	使用浓度	使用时期	使用次数	使用方法	含GA₃农药总使用次数
巨峰系四倍体品种（无核栽培）（阳光玫瑰除外）	诱导无核，膨大果粒	第一次：GA₃125~25毫克/升，第二次：GA₃25毫克/升	第一次：盛花—盛花后3天，第二次：盛花后10~15天	2次，但因降水等需再行处理时总计不超过4次	第一次：花穗浸渍；第二次：果穗浸渍	
	诱导无核	GA₃25毫克/升+氯吡脲10毫克/升	盛花后3~5天（落花期）	1次，但因降水等需再行处理时总计不超过2次	花穗浸渍	
	诱导无核	GA₃12.5~25毫克/升	盛花—盛花后3天	1次，但因降水等需再行处理时总计不超过2次	花穗浸渍（盛花后10~15天，使用氯吡脲促进果粒膨大）	3次以内，但因降水等需再行处理时总计不超过5次
	拉长果穗	GA₃3~5毫克/升	展叶3~5片时	1次	花穗喷布	
阳光玫瑰（无核栽培）	无核诱导，膨大果粒	第一次：GA₃125~25毫克/升，第二次：GA₃25毫克/升	第一次：盛花—盛花后3天，第二次：盛花后10~15天	2次，但因降水等需再行处理时总计不超过4次	第一次：花穗浸渍；第二次：果穗浸渍	
		GA₃25毫克/升+氯吡脲10毫克/升	盛花后3~5天（落花期）	1次，但因降水等需再行处理时总计不超过2次	花穗浸渍	3次，但因降水等需再行处理时总计不超过5次

（续）

作物名	使用目的	使用浓度	使用时期	使用次数	使用方法	含GA_3农药总使用次数
巨峰、浪漫宝石（有核栽培）	诱导无核	$GA_3$12.5～25毫克/升	盛花～盛花后3天	1次，但因降水等需再行处理时总计不超过2次	花穗浸渍（盛花后10～15天，使用氯吡脲促进果粒膨大）	1次，但因降水等需再行处理时总计不超过2次
	果穗拉长	$GA_3$3～5毫克/升	展叶3～5片时	1次	花穗喷布	
	减少果粒密度，促进果粒膨大	第一次：$GA_3$25毫克/升＋氯吡脲3毫克/升，第二次：$GA_3$25毫克/升	第一次：盛花前14～20天，第二次：盛花后10～15天	2次，但因降水等需再行处理时总计不超过4次	第一次：花穗浸渍；第二次：果穗浸渍	
	膨大果粒	$GA_3$25毫克/升	盛花后10～20天	1次，但因降水等需再行处理时总计不超过2次	果穗浸渍	
高尾	膨大果粒	$GA_3$50～100毫克/升	盛花～盛花后7天	1次，但因降水等需再行处理时总计不超过2次	花穗浸渍；果穗浸渍	2次
东墨	膨大果粒	第一次：$GA_3$25～50毫克/升；第二次：$GA_3$50毫克/升	第一次：盛花期；第二次：盛花后4～13天	2次，但因降水等需再行处理时总计不超过4次	果穗浸渍	2次，但因降水等需再行处理时总计不超过4次
福墨	膨大果粒	$GA_3$50～100毫克/升	盛花～盛花后7天	1次，但因降水等需再行处理时总计不超过2次	花穗浸渍；果穗浸渍	1次，但因降水等需再行处理时总计不超过2次

会诱发裂果、果粒硬化、落粒，为此，需在处理前整穗，坐果后疏粒。

（6）使用的GA₃浓度搞错会发生落花或过度着粒、有核果混入等，要严守使用浓度。赤霉素的重复处理或高浓度处理是穗轴硬化弯曲及果粒膨大不足的主要原因，要注意防止（图6-12）；浓度不足时又会使无核率降低并导致成熟后果粒的脱落。

图6-12　植物生长调节剂使用过量造成穗轴木质化

（7）诱导无核结实的处理，要注意药液匀布花蕾的全体。

（8）促进果粒膨大处理要避免过度施药，防止诱发药害，浸渍药液后要轻轻晃动葡萄枝梢及棚架上的铁丝，晃落多余的药液。

（9）对美洲种葡萄品种诱导无核结实和促果粒膨大时，第二次须用100毫克/升浸渍处理。若第二次用喷布处理时，浓度为75～100毫克/升，但喷布处理的膨大效果略差，要在健壮的树上进行，注意药液的均匀喷布。

（10）GA₃和SM（链霉素）混用，可提高无核化率，但须严守SM的使用注意事项。

（11）诱导玫瑰露等无核结实时要在花前14天前后处理，容易引起落花落果，需添加氯吡脲混用。

（12）巨峰系四倍体葡萄果穗拉长时，必须只喷花穗，并喷至濡湿全体花穗为度，此时，大量的药液润湿枝叶，翌年新梢发育不良，忌用动力喷雾机等喷施叶梢的大型喷药机械。

（13）巨峰和浪漫宝石的有核栽培中，以促进果粒膨大为目的时，过早处理会产生无核果粒，要在确认坐果后再处理。

（14）药液要当天配当天用，并避光阴凉处存放；不能与波尔多等碱性溶液混合使用，也不能在无核处理前7天至处理后2天使用波尔多液等碱性农药。

（15）气温超过30℃或低于10℃，不利于药液吸收，提高空气湿度利于药液吸收，因此最好在晴天的早晚进行，而避开中午。

（16）为了预防灰霉病等的危害，应将粘在柱头上的干枯花冠用软毛刷刷掉后在进行无核处理。

二、氯吡脲（CPPU、吡效隆、KT-30）

细胞分裂素类化合物很多，目前在葡萄生产上用最多的是氯吡脲（CPPU，吡效隆，KT-30）。氯吡脲是东京大学药学部的首藤教授等发明、协和发酵生物株式会社开发的植物生长调节剂，具有强力的细胞分裂素活性，1980年取得专利，并取了"KT-30"的试验品名，开始在日本范围的试验，1988年3月用0.10%浓度的酒精液剂申请登录，1989年3月登录成功，开始在葡萄、猕猴桃、厚皮甜瓜、西瓜和南瓜上应用，由于活性高，微量应用就能发挥作用，在作物器官和组织中的残留量极低，对生物毒性低，对环境影响小。

（一）氯吡脲的施用

氯吡脲在葡萄上主要用于保果和促进果粒膨大，一般保果的浓度为3～5毫克/升水溶液，在盛花期—落花期浸渍或喷布花、果穗。促进果粒膨大一般在盛花后10～14天使用，用5～10毫克/升水溶液浸渍或喷布果穗即可。日本作为氯吡脲的发明国，关于氯吡脲的使用技术有详细的研究，根据日本协和发酵株式会社公布的资料将各类品种上氯吡脲的使用方法辑录于表6-2，供参考。

（二）氯吡脲施用的注意事项

（1）当日配置，当天使用，过期效果会降低。

（2）降水会降低使用效果，雨天禁用，持续异常高温、多雨、干燥等气候条件禁用。

表6-2　不同葡萄品种使用氯吡脲的方法

（2011年2月2日更新登录，登录号：农林水产省登录　第17247号）

品种	使用目的	使用浓度	使用时期	使用次数	使用方法	含氯吡脲农药的总使用次数
二倍体美洲种品种（无核栽培）	保果	2~5毫克/升	盛花期前约14天	1次，但受降水等影响补施时，控制在2次以内	加在GA₃溶液中浸渍花穗（第二次GA₃处理按常规方法）	2次以内，受降水等影响，补施时需控制在合计4次以内
	膨大果粒	5~10毫克/升	盛花后约10天		加在GA₃溶液中浸渍果穗（第一次GA₃处理按常规方法）	
玫瑰露无核栽培（露地栽培）	膨大果粒	3~5毫克/升	盛花后约10天		加在GA₃溶液中喷布果穗（第一次GA₃处理按常规方法）	
	膨大果粒	3~10毫克/升	盛花后约10天		加在GA₃溶液中浸渍花穗（第二次GA₃处理按常规方法）	
	扩大赤霉素处理适宜期	1~5毫克/升	盛花前18~14天		花穗浸渍	
	保果	2~5毫克/升 5毫克/升	始花期—盛花期		花穗喷施	

（续）

品种	使用目的	使用浓度	使用时期	使用次数	使用方法	含氯吡脲叶衣药的总使用次数
玫瑰露（无核栽培）（设施栽培）	膨大果粒	3～5毫克/升	盛花后10天左右		加在GA_3溶液中浸渍果穗（第一次GA_3处理按常规方法）	
		3～10毫克/升			加在GA_3溶液中喷布果穗（第一次GA_3处理按常规方法）	
	扩大赤霉素处理适宜期	1～5毫克/升	花前18～14天		加在GA_3溶液中浸渍花穗（第二次GA_3处理按常规方法）	
	保果	5～10毫克/升	初花—盛花		花穗浸渍	
二倍体欧洲系品种（无核栽培）（除阳光玫瑰外）	保果	2～5毫克/升	开花初期—盛花、花前或盛花期—盛花后3天		初花—盛花处理时浸渍花穗（GA_3第一次处理和第二次处理照常规进行）；盛花—盛花后3天处理时，加在GA_3溶液中浸渍花穗，GA_3的第2次处理照常规进行	
	膨大果粒	5～10毫克/升	盛花后10～15日		加在GA_3溶液中浸渍果穗（第一次GA_3处理按常规方法）	

（续）

品种	使用目的	使用浓度	使用时期	使用次数	使用方法	含氯吡脲农药的总使用次数
阳光玫瑰（无核栽培）	促进花穗发育	1~2毫克/升	展6~8片叶时		喷施花穗	
	保果	2~5毫克/升	初花—盛花或盛花—盛花后3天		初花—盛花浸渍花穗，GA₃第一、二次处理照常；盛花—盛花后3天处理时，加在GA₃液中浸渍花穗，GA₃第二次处理照常规处理	
	膨大果粒	5~10毫克/升	盛花后10~15天		加在GA₃溶液中浸渍果穗（第一次GA₃处理按常规方法）	
	诱导无核化	10毫克/升	盛花后3~5天（落花期）		加在GA₃溶液中浸渍花穗	
	膨大果粒　促进花穗发育	1~2毫克/升	展叶6~8片时		喷施花穗	
三倍体品种（无核栽培）	保果	氯吡脲2~5毫克/升	初花—盛花或盛花—盛花后3天		初花—盛花浸渍花穗，GA₃第一、二次处理照常；盛花—盛花后3天处理时，加在GA₃液中浸渍花穗，GA₃第二次处理照常	2次以内，受降水等影响，补施时需控制在合计4次以内，GA₃2次以内

（续）

品种	使用目的	使用浓度	使用时期	使用次数	使用方法	含氯吡脲农药的总使用次数
巨峰系四倍体品种（无核栽培）（除阳光玫瑰外）	膨大果粒	5~10毫克/升	盛花后10~15天	1次，但受降水影响。补施时，控制在2次以内	加在GA₃溶液中浸渍果穗（第一次GA₃处理按常规方法）	
	保果	2~5毫克/升	初花—盛花 或盛花—盛花后3天		初花—盛花浸渍花穗，GA₃第一、二次处理常规；盛花—盛花后3天处理时，加在GA₃液中浸渍果穗，GA₃第二次处理照常规	
	膨大果粒	5~10毫克/升	盛花后10~15天		加在GA₃溶液中或氯吡脲液中单独浸渍果穗（盛花—盛花后3天的GA₃诱导无核处理照常规）	
	诱导无核化	10毫克/升	盛花后3~5天（落花期）			
	膨大果粒 促进花穗发育	1~2毫克/升	展叶6~8片时		喷施花穗	

（续）

品　种	使用目的	使用浓度	使用时期	使用次数	使用方法	含氯吡脲农药的总使用次数
阳光脂玫（无核栽培）	保果	2～5毫克/升	初花—盛花或盛花—盛花后3天		初花—盛花浸渍花穗，GA₃第一、二次处理照常；盛花—盛花后3天处理时，加在GA₃液中浸渍花穗，GA₃第二次处理照常	
	膨大果粒	5～10毫克/升	盛花后10～15天		加在GA₃溶液中或氯吡脲液单独浸渍果穗（盛花—盛花后3天的GA₃诱导无核处理照常）	
	无核化膨大果粒	10毫克/升	盛花后3～5天（落花期）		加入GA₃液中浸渍花穗	
	降低着粒密度膨大果粒	3毫克/升	盛花前14～20天		加入GA₃液中浸渍花穗（GA₃第二次处理常规）	
	促进花穗发育	1～2毫克/升	展叶6～8片时		花穗喷施	
二倍体美洲系品种（有核栽培）	膨大果粒	5～10毫克/升	盛花15～20天		浸渍果穗	1次，但受降水等影响，补施时总次数不应超过2次

（续）

品　种	使用目的	使用浓度	使用时期	使用次数	使用方法	含氯吡脲农药的总使用次数
二倍体欧洲系品种（有核栽培）（除亚历山大）	促进花穗发育	1~2毫克/升	展叶6~8片时		花穗喷施	2次以内，但受降水等影响，补施时总次数不应超过4次
巨峰系四倍体品种（有核栽培）	膨大果粒	5~10毫克/升	盛花后15~20天		浸渍果穗	1次，但受降水等影响，补施时总次数不应超过2次
亚历山大（有核栽培）	保果	2~5毫克/升	盛花期		浸渍花穗	2次以内，但受降水等影响，补施时总次数不应超过4次
	促进花穗发育	1~2毫克/升	展叶6~8片时		喷施花穗	
东亭	膨大果粒	5毫克/升	盛花后4~13天	1次，但受降水等影响，补施时总次数不应超过2次	加在GA₃溶液中浸渍果穗（第一次GA₃处理按常规方法）	1次，但受降水等影响，补施时总次数不应超过2次
高尾		5~10毫克/升	盛花~盛花后7天		加在GA₃溶液中浸渍花穗或果穗	

（3）注意品种特性：不同品种对氯吡脲的敏感性不同，应依据上表正确使用；尚未列入前表的品种，可参照品种类型（欧亚种、美洲种、欧美杂交种）使用，初次使用时请咨询有关机构或小规模试验后使用。

（4）使用氯吡脲后会诱发着粒过多，导致裂果、上色迟缓、果粒着色不良、糖分积累不足、果梗硬化、脱粒等副作用，使用时要履行开花前的疏穗、坐果后的疏粒及负载量的调整等。

（5）使用时期和使用浓度出错，有可能导致有核果粒增加、果面障碍（果点木栓化）、上色迟缓、色调暗等现象，要严格遵守使用时期、使用浓度。

（6）避开降水、异常干燥（干热风）时使用。

（7）处理后的天气骤变（降水、异常干燥等）影响氯吡脲的吸收，在含氯吡脲的农药的总使用次数的控制范围内，可再行补充处理，处理时应咨询有关部门或专家进行。

（8）树势强健的可以取得稳定的效果，应维持较强的树势，树势弱的，效果差，应避免使用。

（9）避免和 GA_3 以外的药剂混用，与 GA_3 混用时也要留意 GA_3 使用注意事项，并注意正确混配。

注意激素或植物生长调节剂的使用受环境影响很大，因此各地在使用前首先试验，试验成功后方可大面积推广应用。在使用激素或植物生长调节剂时还要切忌滥用或过量使用。

第四节　果实套袋

套袋能显著改善果实的外观品质，疏粒完成后即可套袋。

一、果袋的选择

（一）葡萄专用果袋的研发

经国家葡萄产业技术体系栽培研究室多年科研攻关，研究表明：与白色纸袋相比，蓝色纸袋具有促进钙吸收、促进果实

图6-13　着色品种套白袋

成熟的作用，绿色和黑色纸袋具有推迟果实成熟的作用，无纺布果袋及纸塑结合袋能有效促进果实的着色，红色网袋具有增大果粒、促进果实着色、增加可溶性固形物含量的作用。颜色艳丽果袋尤其是绿色果袋防鸟效果好于白色果袋（图6-13），伞袋可显著减轻果实日烧现象的发生（图6-14）。

图6-14　打伞栽培

（二）葡萄果袋的选择

葡萄专用袋的纸张应具有较大的强度，耐风吹雨淋、不易破碎，较好的透气性和透光性，避免袋内温、湿度过高。不要使用未经国家注册的纸袋。纸袋规格，巨峰系品种及中穗形品种一般选用22厘米×33厘米和25厘米×35厘米规格的果袋，而红地球等大穗品种一般选用28厘米×36厘米规格的果袋。此外，还需根据品种选择果袋，如巨峰、红地球等红色或紫色品种一般选择白色果袋，如促进果实成熟及钙元素的吸收，可选用蓝色或紫色果袋；而意大利、醉金香等绿色或黄色品种一般选择红色、橙色或黄色、绿色等果袋（图6-15）；根据不同地区的生态条件选择果袋，如在昼夜温差过大地区和土壤黏重地区，红地球等存在着色过深问题，可采取选择红色、橙色或黄色、绿色等果袋解决；如在气温过高容易发生日烧的地区可选用绿色果袋或打伞栽培（图6-16）。

图6-15　绿黄色品种套黄袋

图6-16　中国农业科学院果树研究所研发的葡萄专用果袋

二、套袋操作

（一）套袋时间

套袋时间过早不仅无法区分大小粒，不利于疏粒工作的进行，往往导致套袋后果穗容易出现大小粒问题；而且由于幼果果粒没有形成很好的角质层，高温时容易灼伤，加重气灼或日烧现象的发生；同时由于果袋内湿度大，果粒蒸腾速率大大降低，严重影响了果实对钙元素的吸收，降低了果品的耐贮性。套袋时间过晚，果粒已开始进入着色期，糖分开始积累，极易被病菌侵染。一般在葡萄开花后20～30天即生理落果后果实玉米粒大小时进行；如为了促进果粒对钙元素的吸收，提高果实耐贮运性，可将套袋时间推迟到种子发育期进行，但注意加强病害防治。同时要避开雨后高温天气或阴雨连绵后突然放晴的天气进行套袋，一般要经过2～3天，待果实稍微适应高温环境后再套袋。另外，套袋时间最好在10时前或16时后，避开中午高温时间，阴天可全天套袋。

（二）套袋方法

在套袋之前，果园应全面喷布一遍杀菌剂，重点喷布果穗，蘸穗效果更佳，待药液晾干后再行套袋。先将袋口端6～7厘米浸入水中，使其湿润柔软，便于收缩袋口。套袋时，先用手将纸袋撑开，使纸袋鼓起，然后由下往上将整个果穗全部套入袋中央处。再将袋口收缩到果梗的一侧（禁止在果梗上绑扎纸袋）。穗梗上，用一侧的封口丝扎紧。一定在镀锌钢丝以上要留有1.0～1.5厘米的纸袋，套袋时严禁用手揉搓果穗。

三、摘袋操作

葡萄套袋后可以不摘袋，带袋采收，如摘袋，则摘袋时间应根据品种、果穗着色情况以及果袋种类而定，可通过分批摘袋的方式来达到分期采收的目的。对于无色品种及果实容易着色的品种如巨峰等可以在采收前不摘袋，在采收时摘袋，但这样成熟期有所延迟，如巨峰品种成熟期延迟10天左右。红色品种如红地球一般在果实采收前15天左右进行摘袋，果实着色至成熟期昼夜温差较大的地区，可适当延迟摘袋时间或不摘袋，防止果实着色过度，达紫红或紫黑色，降低商品价值；在昼夜温差较小的地区，可适当提前进行摘袋，防止摘袋过晚果实着色不良。摘袋时首先将袋底打开，经过5～7天锻炼，再将袋全部摘除较好。去袋时间宜在晴天的10时以前或16时以后进行，阴天可全天进行。

葡萄摘袋后一般不必再喷药，但注意防止金龟子等害虫为害和鸟害，并密切观察果实着色进展情况，在果实着色前，剪除果穗附近的部分已经老化的叶片和架面上密枝蔓，可以改善架面的通风透光条件，减少病虫为害，促进浆果着色。注意摘叶不要与摘袋同时进行，也不要一次完成，应当分期分批进行，防止发生日灼。

四、配套措施

（一）套袋栽培的配套肥水管理

套袋栽培后，由于果袋内空气湿度总是大于外界环境，套袋葡萄果粒蒸腾速率降低，导致矿质元素尤其是钙素从根系运输到果穗的量明显减少，严重时会引起某些缺钙生理病害，降低耐贮运性。因此，与无袋栽培相比，套袋栽培应加强叶面喷肥管理，一般套袋前每7～10天喷施1次含氨基酸钙的氨基酸4号叶面肥（中国农业科学院果树研究所研制），共喷施3～4次；套袋后每隔10～15天交替喷施1次含氨基酸钾的氨基酸5号叶面肥（中国农业科学院果树研究所研制）和含氨基酸钙的氨基酸4号叶面肥，以促进果实发育和减轻裂果现象的发生，增加果实的耐贮性。

（二）套袋栽培的配套病虫害防治

与无袋栽培相比，套袋后可以不再喷布针对果实病虫害的药剂，重点是防治好叶片病虫害如黑痘病、炭疽病和霜霉病等。同时对易入袋为害的害虫如康氏粉蚧等要密切观察，严重时可以解袋喷药。

第五节　功能性果品生产

一、有益元素的保健功能

（一）硒元素的保健功能

硒是人体生命之源，素有"生命元素"之美称。硒元素具有抗氧化，增强免疫系统功能，促进人类发育成长等多种生物学功能。它能杀灭各种超级微生物，刺激免疫球蛋白及抗体产生，增强机体对疾病的抵抗能力，中止危险病毒的蔓延；它能帮助甲状腺激素的活动，减缓血凝结，减少血液凝块，维持心脏正常运转，使心律不齐恢复正常；它能增强肝脏活性，加速排毒，预防心血管疾病，改善心理和精神失常特别是低血糖；它能预防传染病，减少由自身免疫疾病引发的炎症，如类风湿性关节炎和红斑狼疮等；硒还参与肝功能与肌肉代谢，能增强创伤组织的再生能力，促进创伤的愈合；硒能保护视力，预防白内障发生，能够抑制眼晶体的过氧化损伤；它具有抗氧化，延长细胞老化，防衰老的独特功能。硒与锌、铜及维生素E、维生素C、维生素A和胡萝卜素协同作用，抗氧化效力要高几百几千倍，在肌体抗氧化体系中起着特殊而重要的作用。缺硒可导致人体出现40多种疾病的发生。1979年1月国际生物化学学术讨论会上，美国生物学家指出"已有足够数据说明硒能降低癌症发病率"；据国家医疗部门调查，我国8省24个地区严重缺硒，该类地区癌症发病率呈最高值。我国几大著名的长寿地区都处在富硒带上，同时华中工学院对百岁老人的血样调查发现：90～100老人的血样硒含量正常超出35岁青壮年人的血样硒含量，可见硒能使人长寿。

硒对人体的重要生理功能越来越为各国科学家所重视，各国根据本国自身的情况都制定了硒营养的推荐摄入量。美国推荐成年男女硒的每日摄入量（RDI）分别为70毫克/天和55毫克/天，而英国则为75毫克/天和60毫克/天。中国营养学会推荐的成年人摄入量为50～200毫克/天。人体中硒主要从日常饮食中获得，因此，食物中硒的含量直接影响了人们日常硒的摄入量。食物硒含量受地理影响很大，土壤硒的不同造成各地食品中硒含量的极大差异。土壤含硒量在0.6毫克/千克以下，就属于贫硒土壤，我国除湖北恩施、陕西紫阳等地区外，全国72%的国土都属贫硒或缺硒土壤，其中包括华北地区的京、津、冀等省份，华东地区的苏、浙、沪等省份。这些区域的食物硒含量均不能满足人体需要，长期摄入严重缺硒食品，必然会造成硒缺乏疾病。中国营养学会对我国13个省份做过一项调查表明，成人日平均硒摄入量为26～32微克，离中国营养学会推荐的最低限度50微克相距甚远。一般植物性食品含硒量比较低。因此，开发经济、方便，适合长期食用的富硒食品已经势在必行。

（二）锌元素的保健功能

锌是动植物和人类正常生长发育的必需营养元素，它与80多种酶的生物活性有关。大量研究证明锌在人体生长发育过程中具有极其重要的生理功能及营养作用，从生殖细胞到生长发育，从思维中心的大脑到人体的第一道防线皮肤，都有锌的功劳，因此有人把锌誉为"生命的火花"。锌不仅是人体必需营养元素，而且是人类最易缺乏的微量营养物质之一。锌缺乏对健康的影响是多方面的，人类的许多疾病如侏儒症、糖尿病、高血压、生殖器和第二性症发育不全、男性不育等都与缺锌有关，缺锌还会使伤口愈合缓慢、引起皮肤病和视力障碍。锌缺乏在儿童中表现得尤为突出，生长发育迟缓、身材矮小、智力低下是锌缺乏患者的突出表现，此外还有严重的贫血、生殖腺功能不足、皮肤粗糙干燥、嗜睡和食土癖等症状。通常在锌缺乏的儿童中，边缘性或亚临床锌缺乏居多，有相当一部分儿童长期处于一种轻度的、潜在不易被察觉的锌营养元素缺乏状态，使其成为"亚健康儿童"。即使他们无明显的临床症状，但机体免疫力与抗病能力下降，身体发育及学习记忆能力落后于健康儿童。

锌在一般成年人体内总含量为2～3克，人体各组织器官中几乎都含有锌，人体对锌的正常需求量：成年人2.2毫克/天，孕妇3毫克/天，乳母5毫克/天以上。人体内由饮食摄取的锌，其利用率约为10%，因此，一般膳食中锌的供应量应保持在20毫克左右，儿童则每天不应少于28毫克，健康人每天需从食物中摄取15毫克的锌。从目前看，世界范围内普遍存在着饮食中锌摄入量不足，包括美国、加拿大、挪威等一些发达国家也是如此。在我国19个省份进行的调查表明，60%学龄前儿童锌的日摄入量为3～6毫克。以往解决营养不良问题的主要策略是：药剂补充、强化食品以及饮食多样化。药剂补充对迅速提高营养缺乏个体的营养状况是很有用的，但花费较大，人们对其可接受性差。一般植物性食品含锌量比较低，因此，开发经济、方便，适合长期食用的富锌食品已经势在必行。

二、功能性果品的生产技术规程

中国农业科学院果树研究所在多年研究攻关的基础上，根据葡萄等果树对硒和锌等有益元素的吸收运转规律，研发出氨基酸硒和氨基酸锌等富硒和富锌果树叶面肥并已获得国家发明专利（ZL201010199145.0和ZL201310608398.2）且获得了生产批号［农肥（2014）准字3578号，安丘鑫海生物肥料有限公司生产，在第十六届中国国际高新技术成果交易会上被评为优秀产品奖］，同时建立了富硒和富锌功能性果品的生产配套技术，其中"富硒果品生产技术研究与示范"获得2016年华耐园艺科技奖、"富硒功能性保健果品及其加工品生产技术研究与示范"获得2016年葫芦岛市科学技术奖励一等奖。目前，富硒和富锌等功能性果品生产关键技术已经开始推广，富硒和富锌等功能性果品生产进入批量阶段（图6-17至图6-19）。

图6-17　2016年华耐园艺科技奖获奖证书

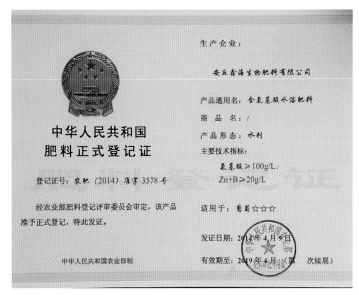

图6-18　叶面肥正式登记证

（一）富硒葡萄生产技术规程

花前10天和2～3天各喷施1次含氨基酸硼的氨基酸2号叶面肥，以提高坐果率。

（1）套袋栽培模式。从盛花至果实套袋前每10天左右喷施1次600～800倍含氨基酸硒叶面肥，共喷施4次；果实套袋后至摘袋前每10天左右喷施1次600～800倍含氨基酸硒叶面肥，若摘袋采收共喷施2～3次，若带袋采收共喷施4次；果实摘袋后至果实采收前10天，每5～7天喷施

图6-19　优秀产品奖证书

1次600～800倍含氨基酸硒叶面肥，共喷施1～2次。

（2）无袋栽培模式。从盛花至果实采收前10天结束，每10天左右喷施1次600～800倍含氨基酸硒叶面肥，共喷施6～8次。

（二）富锌葡萄生产技术规程

花前10天和2～3天各喷施1次含氨基酸硼的氨基酸2号叶面肥，以提高坐果率。

（1）套袋栽培模式。从盛花至果实套袋前每10天左右喷施1次600～800倍含氨基酸锌叶面肥，共喷施4次；果实套袋后至摘袋前每10天左右喷施1次600～800倍含氨基酸锌叶面肥，若摘袋采收共喷施2～3次，若带袋采收共喷施4次；果实摘袋后至果实采收前10天，每5～7天喷施1次600～800倍含氨基酸锌叶面肥，共喷施1～2次。

（2）无袋栽培模式。从盛花至果实采收前10天结束，每10天左右喷施1次600～800倍含氨基酸锌叶面肥，共喷施6～8次。

三、功能性果品生产技术的应用效果

（一）技术效果

采用功能性保健果品生产技术，不仅显著提高果实硒元素和锌元素含量【以富硒葡萄为例：由农业部果品及苗木质量监督检验测试中心（兴城）测定表明，中国农业科学院果树研究所葡萄核心技术试验示范园和示范基地按照该生产技术规程生产的富硒葡萄果实硒元素含量（以鲜重计）分别为：威代尔（露地栽培）0.048毫克/千克、藤稔（设施栽培）0.032毫克/千克、红地球（露地栽培）0.020毫克/千克、巨峰（露地栽培）0.028毫克/千克、玫瑰香（露地栽培）0.024毫克/千克，农业部果品及苗木质量监督检验测试中心（郑州）测定表明，山东省鲜食葡萄研究所按照该生产技术规程生产的富硒葡萄果实硒元素含量（以鲜重计）分别为：金手指（设施栽培）0.045毫克/千克、摩尔多瓦（设施栽培）0.021毫克/千克和巨峰（设施栽培）0.030毫克/千克，完全符合由中国食品工业协会花卉食品专业委员会发布的中国食品行业标准《天然富硒食品硒含量分类标准》(HB001/T—2013) 规定的富硒水果含量范围0.01～0.48毫克/千克，对照仅为0.000 6～ 0.000 9毫克/千克】；而且喷施氨基酸硒叶面肥可显著改善叶片质量（表现为叶片增厚，比叶重增加，栅栏组织和海绵组织增厚，栅海比增大；叶绿素a、叶绿素b和总叶绿素含量增加），抑制光呼吸，提高叶片净光合速率，延缓叶片衰老；促进花芽分化；使果实成熟期显著提前；显著改善果实品质，单粒重及可溶性固形物含量、维生素C含量和SOD酶活性明显增加，香味变浓，果粒表面光洁度明显提高，并显著提高果实成熟的一致性；改善果实的耐贮运性，果实硬度和果柄拉力明显提高；同时提高葡萄植株的耐高温、低温、干旱等抗性和抗病性，促进枝条成熟，改善葡萄植株的越冬性（图6-20、图6-21）。

图6-20　富硒果品生产技术的应用效果

图6-21　对　照

（二）经济效益

在鲜食葡萄实际生产中，喷施氨基酸硒叶面肥每667米^{2}成本增加约200元，喷施氨基酸硒肥后每年减少4次杀菌剂的使用，每667米^{2}可减少农药投入至少300元；同时由于硒元素的保健功能，富硒葡萄售价远高于普通葡萄，例如，露地栽培富硒玫瑰香和富硒8611销售价格分别比普通玫瑰香和8611高3元/千克和2元/千克，又如山西运城盐湖区会荣水果种植专业合作社采用中国农业科学院果树研究所研发的功能性果品富硒葡萄生产技术生产的富硒葡萄高达19～38元/千克，每667米^{2}收入8万元以上。经核算，喷施氨基酸硒叶面肥鲜食葡萄每667米^{2}至少增值8 000元以上。

第七章 灾害防御与抗灾减灾

第一节 抗旱栽培

我国是一个水资源短缺的国家，人均水资源占有量不足世界人均水平的1/4。我国北方葡萄主产区属于大陆性季风气，不但冬春严寒干旱，夏季高温干旱或秋旱也时常发生；特别是西北干旱地区，年降水量只有100～200毫米，而蒸发量则是其20倍以上，仅凭降水无法满足作物正常发育的需要。

葡萄是肉质根系，从植物学上看是比较耐旱的果树树种。不同葡萄种类，以欧洲葡萄、沙地葡萄、冬葡萄、霜葡萄比较抗旱；同一欧亚种葡萄，起源于干旱地区的品种如地中海地区的佳利酿、歌海娜、神索等，比起源于北方湿润地区的赤霞珠、美乐、西拉等品种抗旱。

干旱对葡萄新梢生长影响最大，其次是坐果。新梢旺长期严重干旱3周，赤霞珠的新梢生长速率减为一半，节间缩短，近转色期开始干旱则使新梢提前停长。葡萄果实在膨大期对水分胁迫最为敏感，其次是开花期。干旱胁迫下葡萄在生理代谢、结构发育和形态建造等层次上均可表现系统适应性，因此抗旱栽培应该包括生物抗旱、工程抗旱及农艺抗旱3个方面。

一、生物抗旱

葡萄抗旱栽培的生物抗旱措施就是选用抗旱砧木。生产实践和前人试验已证明，砧木的抗旱性普遍强于栽培品种。

(一)抗旱砧木的抗旱特征

1.粗根多 深而发达的肉质根是抗旱砧木适应干旱的特征

之一，比较抗旱的沙地葡萄和冬葡萄根系以粗根为主、肉质、皮层厚，其杂交后代如140Ru、1103P等粗根比例较高；而河岸葡萄的根细瘦，皮层附着紧实，其与冬葡萄的杂交砧木如SO4、161-49C等根系也较细瘦。

2. 根系分布深 根构型或根系的分布类型也直接影响到抗旱性。沙地葡萄和冬葡萄根系的分枝角度小，分别为20°和25°～35°，其杂交砧木的根系在土层中的构型呈现橄榄形分布，即表层少，中层多；而河岸葡萄的分根角度大，为75°～80°，水平斜向延伸明显，因此其后代砧木的根系在土层中呈漏斗形分布，即根系多集中分布在表层，越往下越少，与栽培品种的根系类似。

3. 根冠比大 在干旱胁迫下，光合产物优先分配给根系，使根冠比（R/S）加大。葡萄在地上部品种常规修剪的条件下，R/S的变动主要受砧木的影响，不同砧木之间根系量差别非常大。干旱条件下建立合理的根冠比对于水分利用效率和产量提高具有重要的作用。

（二）常用抗旱砧木

不同基因型来源的砧木抗旱性有很大区别。目前生产上最常使用的砧木，以沙地葡萄和冬葡萄杂交育成的砧木如110R、140Ru、1103P抗旱性为强，河岸葡萄和冬葡萄杂交育成的砧木如SO4、5BB次之，而河岸葡萄或与沙地葡萄杂交育成的砧木如3309C、101-14M、光荣河岸等抗旱能力较弱。因此，在降水量少的地中海周边地区如西班牙、葡萄牙、阿尔及利亚、以色列等葡萄建园主要使用抗旱性强的砧木140Ru、110R及1103P等，而在降水量足够的地区如德国、法国及意大利北部等则多使用生长势中旺的砧木如SO4、5C、5BB、3309C等。在灌溉的条件下用140Ru或1103P作砧木树势很旺，往往可获得相当高的产量但影响了果实品质。

二、农艺抗旱

（一）土壤改良

干旱条件下葡萄会出现根系加深的适应性反应，根的深扎（以根长或根量表示）被认为是抗旱的一个重要特征，而限制根系分布深度的因素之一是土壤容重或紧实度、土层厚度和土层湿度，因此在干旱、半干旱地区强调种植前进行深翻改土，打破黏板层，多施有机底肥；黏土层掺放秸秆、沙石；瘠薄土层则客土培肥，集中栽培等。生产上发现即使是没有黏板层的土壤，如果不翻耕改良，葡萄的根系也比较难以深入下扎。

（二）果园生草

果园生草在欧美日等发达国家已被广泛应用，我国目前仍以清耕制为主。传统清耕锄草的主要缺点是果园行间地面裸露，造成果园尤其是坡地果园土壤侵蚀，导致水土流失，且不利于形成优良的果园小气候。特别是近年随着劳动力的短缺及人工成本上升，很多地方以除草剂除草为主，葡萄发生除草剂药害的事件频频发生，对产量和果品安全都有影响。

1. 生草对抗旱的作用

（1）生草改善土壤物理性状。在葡萄园播种多年生黑麦草、紫花苜蓿、白三叶草可降低土壤容重，提高孔隙度，且随着生草年限的增加，土壤物理性状改善越显著，土壤的入渗性能和持水能力得到较大幅度的提高。

（2）生草改善小气候。葡萄园生草可使地面最高温度降低 $5.7 \sim 7.3\,℃$，地面温度日较差降低 $6.7 \sim 7.6\,℃$。草的生长降低了地表的风速，从而减少了土壤的蒸发量；生草区的空气相对湿度一般高于清耕区；在雨季清耕果园土壤泥泞，人工和机械无法进地打药或采摘，而生草的果园则有优势。

（3）生草对土壤水分的影响。担心生草和葡萄等作物竞争水分是推广生草的障碍因素之一。在半干旱地区，生草可降低葡萄园表层主要是 $0 \sim 40$ 厘米土层的含水量，葡萄上层根系生长受到抑制，会诱导根系向深层发展，利用深层的水分和养分，从而发展了抗旱性。生草对40～80厘米土层均具有调蓄作用。降水量大的地区水分竞争不明显，对生长量的影响也不明显。在降水较多的季节，生草可以较快地排出土壤中较多的水分，促进葡萄根系的生长和养分的吸收。但生草处理的土壤饱和贮水量、吸持贮水量及滞留贮水量都比清耕略高。

2. 草种选择　筛选适宜的草种是生草制的重点和难点，不同地区结果也不相同，一般建议选择根系浅的草类，如白三叶、鸭茅、黑麦草和红三叶。在陕西杨凌对葡萄园行间生草研究表明，种植白三叶（*Trifolium repens* L.）对0～60厘米土层含水量影响较大，而紫花苜蓿（*Medicago sativa* L.）影响较小。然而，越来越多的研究者倾向于自然生草，因为与人工生草相比，自然生草具有更丰富的植物群落，在生长发育时期上和降水基本一致；而且自然生草不用播种，节省开支，只要定期刈割管理，特别是在未结籽前进行刈割，不耐刈割的草种逐渐被淘汰，耐刈割的草种逐渐固定形成相对一致的草皮，对树体生长发育的不良影响较小。

3. 适宜生草的条件　一般认为，在降水比较丰沛（年降水量达到600毫米以上）或有灌溉条件的地区比较适宜生草；在干旱又无灌溉条件的地区不适宜生草。

（三）土壤覆盖

1. 覆盖的作用　利用果园生草剪草直接覆盖或利用作物秸秆、植物加工下脚料如糠壳、茶叶末、锯末、酒渣、蘑菇棒、烟末沼气渣等进行全园覆盖或行内覆盖。覆盖一方面减少了杂草生长和除草作业，另一方面也能保湿，减少地表蒸发，降低夏季的地表温度，减少氮素化肥的挥发；同时控制了地表径流造成的水土肥料流失；由于植物秸秆含有大量的有机质和矿质元素特别是钾，长期覆盖翻耕能不同程度地增加土壤有机质及矿质元素的含量；有些有机物料如养殖蘑菇的菌棒或烟草加工的下脚料或茶叶加工末对土壤病虫害还有一定抑制作用。

2.覆盖技术

（1）备料。麦秸、玉米秸、稻草等铡短，其他草一般可以直接覆盖。按每667米²用量2 000千克左右备料。

（2）整地。视果园土壤状况而定，若严重板结应翻松，如果干旱应先灌水，瘠薄果园需要在待覆盖的地面撒施一定量尿素，以免草料腐熟时与树体争氮。

（3）覆盖。秸秆的覆盖厚度一般在15～20厘米，每667米²用量大约2 000千克。摊匀后的草要尽量压实，为防止风刮，要在草上撒土，近树处露出根颈。其他沉实的物料可覆3厘米左右。

（4）管理。夏季覆草，秋末施基肥时翻埋，防止根系上浮和果树抽条。覆草后要严防火灾。覆草最适用于山地丘陵果园，平地覆草应防止内涝，涝洼地不适宜覆草。

3.地膜覆盖　地膜覆盖是调节土壤湿度和温度，调节树体生长节律的一个重要技术措施，已经在一年生经济作物和保护地栽培上普遍应用。除了白色地膜，还有黑色和其他颜色，其中黑色地膜控制杂草生长方面效果较好。不同生态条件应用地膜的时间和目标不同。在干旱地区生长季节覆盖地膜后可有效减少地面蒸发和水分消耗，保持膜下土壤湿润和相对稳定，有利于树体生长发育。但在春霜冻频繁的地区，需要霜冻期过后覆膜，以免早覆膜后树体生长较快而受冻；覆膜后根系上浮，因此在冬季寒冷而又不下架的地区也不适宜覆膜。在多雨的南方，起垄覆黑地膜，可使过量的降水流到排水沟内排走，可减少植株对水分的吸收，控制旺长并减少杂草和管理作业。覆膜方法简单，关键是行内地面要平整或一致，覆盖宽度根据树体大小和行距定，覆盖后用土压实、封严。

（四）穴贮肥水

穴贮肥水技术是山东农业大学束怀瑞教授为沂蒙山区土层瘠薄、砾质、无灌溉条件的苹果园发明的抗旱施肥技术，适宜于干旱的山区丘陵或沙地、黄土塬地，特别适宜于大棚架，或非适宜土地进行客土集中栽培，即占天不占地的葡萄园（图

7-1）。具体方法是根据树体或种植区的大小，在树的周围挖4个深50～70厘米、直径40～50厘米的坑穴，其内竖填上用玉米或高粱等秸秆做成的草把，玉米秸秆需要拍裂，最好在沼液或液体肥料中浸泡，穴内可填充有机肥、枯枝杂草等各种有机物料，撒上复合肥，覆土，浇透水，使穴的中间保持最低，覆盖薄膜，并在薄膜的中间用手指抠一个洞，便于雨水流入穴内。当需要浇水施肥时掀开薄膜施入，即形成多个固定的营养供应点，局部改良树体的水、肥、气、热，使根系集中到穴周边，优化植株的生存空间，有利于丰产稳产。

除去封口土　　封严穴口

图7-1　穴贮肥水

（五）交替灌溉

交替灌溉又称为调亏灌溉或部分根区干旱技术，是一种主动控制植物部分根区交替湿润和干燥，既能满足植物水分需求又能控制其蒸腾耗水的节水调控新思路，是常规节水灌溉技术的新突破（图7-2）。1996年，澳大利亚学者Dry等人在葡萄上试验发现，使部分根区干旱，旱区根系将通过分泌化学信号ABA诱导叶片气孔部分关闭，而得到充分水分供应的根系则使整株植物保持良好的水分供应状态。部分根区干旱处理的葡萄植株叶面积减少，深层根系分布比例增加，葡萄产量和果实大小并不受影响，而水分利用率大幅度提高，据此他提出了"部分根区干旱（PRD）理论"，很快引起了重视并在果树及农作物上得到推广利用。简单来说，在葡萄上如果进行畦灌，可隔行灌溉，仅使一半的根系获得水分；该技术可减少行间土壤湿润面积，减少土面蒸发损失，也减少了灌溉水的深层渗漏。对于优化葡萄的水分利用效率、节约用水、提高葡萄的产量和品质无疑具有十分重要的理论和现实意义。

图7-2　根系分区交替灌溉示意图及实景图

（六）施用保水剂

近年来保水剂作为一种化学抗旱节水材料在农业生产中已得到广泛应用。保水剂是利用强吸水性树脂做成的一种超高吸水能力的高分子聚合物，可吸收自身重量数百倍的水分，吸水后可缓慢释放供植物吸收利用，且具有反复吸水功能，从而增强土壤的持水性，减少水的深层渗漏和土壤养分流失，特别是对土壤中的硝态氮有一定的保持能力（图7-3）。田间试验结果提供，对于成年果树第一次使用保水剂，建议选用颗粒大的保水剂型号，每667米^{2}用量5千克随基肥施入沟内。保水剂寿命4～6年，其吸放水肥的效果会逐年下降，因此每年施化肥时还需要混入1～2千克。然而也有试验结果表明，保水剂的持水力会因为磷、钾等肥料的施入而有明显降低，建议保水剂单独使用。

图7-3　保水剂及其应用

（七）喷施抗蒸腾剂

抗蒸腾剂是指喷施于叶面后能够降低植物的蒸腾速率、减少水分散失的一类化学物质。通常把抗蒸腾剂分为3类，一类是代谢型抗蒸腾剂也称为气孔关闭剂，如一些植物生长调节剂、除草剂、杀菌剂等；第二类是成膜型抗蒸腾剂，由各种能形成薄膜的物质组成，如硅酮类、聚乙烯、聚氯乙烯、蔗糖酯和石蜡乳剂。这些物质能在植物表面形成一层薄膜，封闭气孔口，阻止水分透过，从而降低蒸腾；第三类是反射型抗蒸腾剂，这类物质中研究最多的是高岭土。

1. 脱落酸 目前已证实脱落酸（ABA）不但促进果实与叶的成熟与脱落，而且具有增强作物抗逆性的功能，四川国光农化股份有限公司和四川龙蟒福生科技有限公司具有原药生产能力。多种试验表明，前期喷布ABA可促进侧根生长，提高植株的抗旱能力；阿根廷在赤霞珠葡萄发芽后15天间隔1周多次喷布ABA（90%）250毫克/升加体积分数为0.1%的Triton X-100展着剂，产量提高了1.5～2倍，节间长度和叶面积只有轻微的减少，其他性能没有明显变化；美国加州的试验证明，在赤霞珠葡萄转色期后果实浸蘸300～600毫克/升、质量浓度20%的ABA可显著提高花青素的含量，改善着色。

2. 黄腐酸 黄腐酸（FA）是一种既溶于酸性溶液，又溶于碱性溶液的腐殖酸，是一种天然生物活性有机物质，并含有Fe、Mn、B、Ca等营养元素。在红地球葡萄上喷布黄腐酸1 000倍液或黄腐酸1 000倍液+含氨基酸钙的氨基酸5号叶面肥（中国农业科学院果树研究所研制）500倍液3～4次，可明显降低红地球葡萄白腐病的发病率、改善生长发育状况、提高果实品质。黄腐酸对农药有缓释增效、减小分解速率、提高农药稳定性、降低农药毒性等作用。土壤施用还有改良土壤和增加土壤有机质的作用。

3. 羧甲基纤维素 越冬后如果发现枝条有轻度失水现象，葡萄园应尽快喷施抗旱剂，全园喷布400倍羧甲基纤维素（抗旱剂)1～2次，间隔10～15天，可减轻旱情对葡萄的进一步影响。

除上述的生物抗旱和农艺抗旱等抗旱措施外，还有建设集雨窖、安装节水灌溉设备、修建水库或方塘等工程抗旱措施。

第二节　抗寒栽培

葡萄上发生的低温冻害类型主要是休眠期低于0℃的冻害和生长期低于0℃的霜害。随着全球气候变暖，极端温度事件频繁发生，低温冻害发生频率也越来越高。由于低温冻害往往波及范围大，对生产造成的损失也比较大，严重年份可造成巨幅减产甚至绝收，因此抗寒栽培成为我国葡萄生产的一个关键问题。

一、冻害与抗冻栽培

（一）葡萄冻害的成因

休眠季节当低温达到葡萄器官能忍受的临近点之后，细胞内开始结冰，细胞膜破裂，外观上经常可以看到芽组织或枝干皮层甚至木质部变褐，或呈水浸状；在显微镜下观测，当葡萄枝干从0℃降到-20℃，含水丰富的组织形成的冰晶可使体积膨胀8%～9%，冰晶将拉伸应力传导给树干组织，从而导致皮层及韧皮部的细胞壁和筛管破裂，即产生裂纹。冰晶形成的数量与组织液含量和浓度有关，如果葡萄枝条能及时停长保持较低的水分，而且含有足量的淀粉和糖及蛋白质等贮藏营养，冰晶形成的数量和概率就会大为减少（图7-4）。

实际上冬季树木在热胀冷缩的物理原理下都会经历外部皮

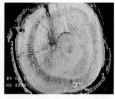

图7-4　葡萄枝干冻害

层和内部芯材遇冷收缩不同步而产生裂隙的现象，裂隙的弥合能力或冰晶是否形成是决定能否开裂的关键。葡萄木质疏松，在大气干旱的条件下，裂纹往往随着强劲的春风越来越明显，最终树体脱水形成生理干旱，导致枝蔓开裂干枯死亡。

（二）葡萄的抗寒性

1. 种性差别 不同种类葡萄的抗寒性有很大差别，东亚种山葡萄最抗寒，枝条芽眼可抗 -40℃ 低温，其次是河岸葡萄，可抗 -30℃ 左右低温，大部分欧洲种葡萄的芽眼在 -15℃ 时就有可能发生冻害，欧美杂交种稍强，大部分种间杂种能抗 -20℃ 以上低温；而起源于温暖地区的葡萄种类如圆叶葡萄、华东葡萄、刺葡萄等则不抗寒。美洲种或偏向于美洲种的欧美杂交种如康克、康拜尔、白香蕉、红富士等品种的抗寒性强于偏欧亚种的杂交种，夏黑无核的抗寒性明显优于红宝石无核和早红无核。在欧亚种栽培品种中，起源于北方寒冷地区的品种如雷司令、霞多丽、黑比诺等比起源于温暖地区的品种如西拉、赤霞珠等抗寒；早熟及中熟品种比晚熟品种抗寒。

2. 器官差别 同一植株不同器官抗寒性有很大区别，以枝条比较抗寒，其次是芽眼，根系特别是细根最不抗寒，欧洲葡萄的根系在土温 -5℃ 就会发生严重冻害，山葡萄的根系可抗零下十几摄氏度的低温。

（三）抗冻栽培的技术措施

1. 选用抗寒嫁接苗 目前推广的抗根瘤蚜砧木抗寒性都优于欧亚种栽培品种自根系。不同类型砧木的根系的半致死温度在 -7.3 ~ -10℃，能适应的土壤低温在 -5℃ 以上。不同类型砧木的抗寒性一方面与其遗传有关，如河岸葡萄抗寒性较强；也与其根系类型有关，如同一砧木粗根的抗寒性比细根高很多；同时也与砧木根系在土壤中的空间分布有关，田间试验发现，沙地葡萄-冬葡萄的杂交砧木，由于粗根为主，而且扎根深土层，故而在同样温度下反而比浅层根系的河岸葡萄杂交砧木抗寒。因此，冬季寒冷地区建议选择深根性的砧木，如110R、

140Ru、1103P，尽量避开根系主要分布在表层的砧木。在冬季气温变化剧烈，容易发生干裂的地区，建议用砧木高接苗建园，即以砧木形成主干。气象学家研究发现，晴天果园贴地气层内的温度以1.5米处为最高，0.1米处为最低，其次是0.5米，目前大部分嫁接苗根颈贴地表，此高度正处在温度最低、低温持续时间最长的气层内，不利于果树的避冻御寒。因此，砧木的高度建议最好超过0.5米，新西兰高接部位在0.7米。

2．覆盖防寒　我国处于大陆性季风气候区，北方漫长的冬季寒冷而干旱，在最低温度高于或临近 $-15℃$ 的地区栽培的欧美杂交种葡萄冬季大部分都不进行埋土防寒，栽培的欧亚种葡萄过去大多数进行埋土防寒，随着暖冬和劳动力短缺，现在埋土越来越少；在最冷月低温常年低于 $-15℃$ 的严寒地区，大部分栽培品种都需要下架埋土防寒（图7-5）。

图7-5　葡萄埋土越冬防寒

（1）防寒时间。埋土防寒时间应在气温下降到0℃以后、土壤尚未封冻前进行。埋土过早植株未得到充分抗寒锻炼，会降低植株的抗寒能力；埋土过晚根系在埋土时就有可能受冻，而且取土困难，不易盖严植株，起不到防寒作用。

（2）撤土时间及方法。在埋藏处的温度达10℃前完成出土，或在树液开始流动后至芽眼膨大以前撤除防寒土。出土过早根系未开始活动，枝芽易被风抽干；过晚则芽眼在土中萌发，出土上架时很容易被碰掉。一般出土时间：华北地区葡萄的出土时间在3月末至4月上旬。一般情况下防寒物一次撤完，但较寒冷的地方，可根据气温条件分次撤出防寒土。出土后枝蔓要及时上架。

3.抗寒种植方式

（1）宽行种植。在埋土防寒地区建议种植行距最好在3.0米以上（东北和西北等冬季寒冷产区行距最好4.0～8.0米），以便于机械在行间取土而不伤及根系。品种自根系和分根角度小的砧木根系往往水平延伸根系到行间的80厘米左右，因此埋土区取土部位距离种植部位至少在100厘米以外，取土越多距离根系就要越远，避免靠近根系取土造成根系主要分布区土层变薄或透风撒气。

（2）深沟浅埋。在寒冷地区提倡深沟浅埋种植法，沟的深度和宽度与需要取土的体量有关，以方便取土掩埋或便于覆盖为准，同时还要兼顾生长季节的操作便利性。挖宽80～100厘米、深70～100厘米的定植沟，开沟时按每667米^{2}施5～8米^{3}有机肥与表土混合放在定植沟一侧，心土放在另一侧，将混合土填入定植沟中，再填入部分心土使定植沟深度保留20～25厘米，灌水，沉实后可定植。

（3）简约树型。埋土防寒区选择树型需要方便下架和出土上架，因此提倡简约树形，如具"鸭脖弯"的斜干单层单臂水平龙干形，同时尽量减少对枝蔓的扭伤，以免导致开裂的枝干失水或诱发根癌病、白腐病等；此外，建议二次修剪，即冬季长剪，待春季出土后再定剪。

（4）调控水分。秋后需要控制灌水，及时排水，促进枝条成熟，为了提高产量而在果实成熟时大量灌溉的方法是不明智的。枝条越冬时含水量越高越容易遭受冻害。埋土防寒前视土壤墒情灌封冻水，封冻水在干旱地区葡萄园是不可或缺的，但要注意等表土干后再进行埋土防寒，防止土壤过湿造成芽眼霉烂。春季葡萄从树液开始流动到发芽一般需1个月左右，出土前后根系已恢复活动。为了防止抽条，需要密切关注土壤水分和大气干旱情况，及时进行土壤灌溉。在不埋土地区，一般化冻后就陆续开始灌溉，一方面增加土壤和大气湿度，另一方面降低气温，推迟萌芽，预防春霜冻。有条件的地方建议配套地上软管微喷灌，增加枝蔓微环境的湿度，防止抽干，同时预防春霜冻的效果更好。

4. 种植抗寒品种 在冬季严寒的地区，可选择抗寒的种间杂种。山葡萄、河岸葡萄及美洲葡萄是抗寒性很强的种，其杂交后代抗寒性大多数比较强。需要注意的是山葡萄萌芽所需要的温度低，比欧亚种葡萄萌芽早20天以上，在容易发生春霜冻的地区不适宜引种纯种山葡萄品种，可以试种山欧杂交种如华葡1号等。

国外育成的抗寒种间杂种很多，摩尔多瓦（Moldova）在我国已经广泛栽培。目前在寒区栽培较多的如法国育成的种间杂种威代尔（Vidal）、香百川（chambourcin）、香赛罗（Chancellor），美国育成河岸葡萄杂交品种Frontenac，可抗-35℃低温。

德国在抗寒葡萄育种方面更趋向于培育欧亚种亲缘关系的品种，如育成的酿酒葡萄品种紫大夫（Dornfelder），解百纳米特（Cabernet Mitos）等。其原产的欧亚种品种雷司令是欧亚种中最抗寒的品种，其次是意大利雷司令即贵人香、霞多丽、黑比诺等原产于北方的品种。

5. 枝干涂白 对于埋土防寒临界区的葡萄，枝干涂白是抗冻栽培的重要技术措施（图7-6）。

（四）葡萄冻害发生后的补救措施

1. 防止冻害加剧的措施 发现冻害后不要急着修剪或刨树，保持土壤适宜

图7-6 枝干涂白

的墒情，等待其自然萌发和恢复，亦不必加大地面灌溉，以免降低地温推迟发芽。仅仅是裂干而无芽体枝条冻伤褐变的葡萄园，规模小的鲜食葡萄园可以对树干进行黑色薄膜包裹（鲜食葡萄园也可以在冬季来临前就进行包裹），防止失水并促其愈

合；规模大的葡萄园可以实施喷灌，如软管带喷、移动喷灌，以增加树体周围的湿度，防止进一步抽干；也可以结合病虫害防治喷布石硫合剂、柴油乳剂等，以及具有成膜作用物质，如喷施两次200倍的羧甲基纤维素、5~10倍的石蜡乳液及高岭土等，都对防止进一步抽干有一定作用。

2.不同冻害程度区别对待

（1）萌芽后，对于地上部死亡、萌生根蘖的葡萄园，关键是采取控制树势、控制主梢徒长的技术措施，包括保留大量副梢以分散水肥供应势，前期不施氮肥，适当控水，叶面喷氨基酸系列叶面肥（以中国农业科学院果树研究所研制的氨基酸1号叶面肥效果佳）或甲壳素类促进叶片厚实，也可以喷布生长延缓剂如ABA或烯效唑；中后期增加叶面喷肥（以中国农业科学院果树研究所研制的氨基酸2号和5号叶面肥效果佳），除氮、磷、钾外，增加硅、钙、镁等中微量元素。进行病虫害防治时注意选择同时具有生长调节剂作用的药物，如三唑酮、烯唑醇、丙环唑等三唑类，不仅是高效广谱内吸杀菌剂，而且对植株生长有一定的调节作用，可延缓植物地上部生长，增加叶厚，提高光合作用，增加抗逆性，但有果的植株膨大之前不宜喷施，以免抑制果实膨大造成裂果。

（2）对于地上部结果母枝受一定冻害，主干及枝蔓基部的副芽、隐芽还可以萌发的葡萄园，以及枝蔓受轻微冻害、芽体发育不良、萌芽迟缓的葡萄园，需要加大水肥管理，除了结合灌水追施尿素和磷酸二铵，还需要增加叶面喷肥，如喷0.2%~0.5%尿素与0.2%~0.5%磷酸二氢钾或喷氨基酸肥（中国农业科学院果树研究所研制的效果佳）等促进枝叶生长。

（3）对于冻害后产量较低的鲜食葡萄园，采用二次结果弥补产量。于一茬果坐果期或稍后，诱发未木质化的第6~8节冬芽结二次果。受冻园需要加强病虫害综合防治，特别是要防控好霜霉病，防止早期落叶导致枝条成熟不良而再次影响越冬性，造成恶性循环。

二、霜冻与防霜栽培

（一）霜冻的类型

霜冻是指发生在冬春和秋冬之交，由于冷空气的入侵或辐射冷却，使植物表面及近地面空气层的温度骤降到0℃以下，导致植株受害或者死亡的一种短时间低温灾害。发生霜冻时如果大气中的水气含量较高，通常会见到作物表面有白色凝结物出现，这类霜冻称为白霜，当大气中水气含量较低时，无白霜存在，但作物仍然受到冻害的现象称为暗霜或黑霜。根据霜冻的成因又可将其分为平流型霜冻、辐射型霜冻和混合型霜冻。平流型霜冻是由于出现强烈平流天气引起剧烈降温导致的霜冻，一般影响到地形凸出的山丘顶及迎风坡上；辐射型霜冻发生于在晴朗无风的夜间，地面和植物表面强烈辐射降温导致霜冻害，地势低洼的地块发生重；混合型霜冻则是由冷平流和强烈辐射冷却双重因素形成的霜冻。霜冻发生于葡萄生长季节。发生在秋冬的称为早霜冻或秋霜冻，秋季葡萄叶片尚未形成离层正常脱落时，温度突然下降到0℃以下，常把叶片冻僵在树上，单纯早霜对葡萄的影响不是很大，影响较大的是11月初突如其来的剧烈而持续的降温特别是伴随降雪，对埋土防寒地区的树体下架埋土造成了障碍，此时树体抗寒性较差，往往影响越冬性（图7-7）。晚霜冻俗称春霜冻或倒春寒，一般发生于晴好的天气，由于强冷空气入侵引起迅速降温，往往24小时降温超过

图7-7　秋季早霜危害

10℃并降至0℃以下，葡萄新梢及花穗发生冻害，对全年的生长和结实影响较大（图7-8）。

图7-8 春季晚霜危害

（二）防霜栽培

1.品种及栽培生境的选择 在频繁发生晚霜冻的地区，需要避免选择发芽早的葡萄种类，如山葡萄的各种类型，而适当选择发芽晚的葡萄品种；虽然大部分鲜食品种遭受霜冻后副梢及隐芽还会有相当的产量，但还是需要注意选择容易抽生二次果的品种，如巨峰、夏黑无核、华葡黑峰、华葡紫峰、华葡玫瑰、华葡翠玉、巨玫瑰、摩尔多瓦、玫瑰香等，以便遭受霜冻后有比较可观的产量补偿。在容易发生春霜冻的地区需要格外重视防风林的设置，同时要避免把葡萄种植在谷底或低洼地等冷空气容易沉积的环境。

2.预测预报 准确预测预报霜冻是防止霜冻的先决条件，一方面是根据当地常年发生霜冻的时间，如胶东半岛为4月中下旬，届时密切关注天气预报和天气变化；另外，大的葡萄园最好自己安装小型气象监测系统进行实时监控，因为发生霜冻时田间温度往往低于天气预报的温度。

3.防霜措施

（1）灌溉。在霜冻频发区，推迟萌芽期是预防霜冻的方法之一，除了延迟修剪可推迟萌芽以外，春季化冻后频繁灌溉，降低地温，也可推迟萌芽3～5天；萌芽后，在霜冻发生临界期保持地面湿润可明显减轻霜冻的危害，因此在剧烈降温的时候进行灌溉，特别是在霜冻发生的夜晚进行不间断的喷灌可明显减轻霜冻（图7-9）。

图7-9 喷 灌

（2）熏烟。熏烟是果农常用的防霜方法（图7-10）。生烟方法是利用作物秸秆、杂草、落叶枝条和牛羊粪等能产生大量烟雾的易燃物料，每667米²至少5～10堆，或间距12～15米，均匀分布，堆底直径1.5米以上，高1.5米，堆垛时各部位斜插几根粗木棍，垛完后抽出作为透气孔，垛表面可覆一层湿锯末等以利于长久发烟，待温度降低到接近0℃时，将火种从洞孔点燃内部物料生烟。生烟质量高的可提高果园温度2℃，因此熏烟对−2℃以上的轻微霜冻有一定效果，如低于−2℃预防效果则不明显。对于小面积的葡萄园甚至可以点明火进行增温（图7-11）。近些年来，采用硝铵、锯末、柴油混合制成的烟雾剂代替烟堆熏烟，使用方便，烟量大，防霜效果较好。

（3）覆盖。小规模的葡萄园在霜冻来临的夜晚用无纺布、塑料布等进行全园搭盖是抵御霜冻的有效方法；在非埋土防寒区，如果冬季采用了无纺布等覆盖物进行防寒，可保留覆盖物在园内，当预测有霜冻的天气后搭盖到第二道铁丝上，直至霜

图7-10 熏 烟

冻解除后再撤（图7-12）。

图7-11 点 火

图7-12 覆 盖

图7-13 风机搅拌

（4）风机搅拌。辐射霜冻是在空气静止情况下发生的，利用大型吹风机增强空气流通，将冷气吹散，可以起到防霜效果（图7-13）。日本试验表明，吹风后的升温值为1～2℃。美国、加拿大等葡萄园开始大面积使用可移动式高空气流交换机抵御霜冻。

（5）防治冰核细菌。水从液态向固态转变需要一种称为冰核的物质来催化。国外发现了一类能使植物体内的水在-2～-5℃结冰的细菌，被称为冰核细菌。近年来国内外大量研究证明，冰核细菌可在-2～-3℃诱发植物细胞水结冰而发生霜冻，而无冰核细菌存在的植物一般可耐-6～-7℃的低温而不发生或轻微发生霜冻。因此，防御植物霜冻的另外一条途径就是利用化学药剂杀死或清除植物上的冰核菌。美国用一种羧酸酯化丙烯酸聚合物喷洒叶面形成保护膜，将叶片上的冰核细菌包围起来抑制其繁殖，对抵御果蔬霜冻效果明显；日本研制出的辛基苯偶酰二甲基铵（OBDA），能有效地使细菌冰核失活，用于茶树防霜；此外用链霉素和铜水合剂（1.25克/升）

防除玉米苗期上的冰核细菌，用代森锰锌、福美双喷布茶叶也能有效清除冰核细菌，降低霜冻危害。因此葡萄园预防春霜冻可以考虑杀菌剂的配套应用。

（6）提高植株抗性的其他方法。目前市面上有各种防冻剂销售，在获得预报12小时内将出现使果树冻害的低温天气时，对葡萄幼龄器官喷布防冻剂1～2次能够起到良好的保护作用；喷布氨基酸钙（中国农业科学院果树研究所研制的效果佳）和绿丰源（多肽）等有机态液体肥料，能够提高细胞液浓度，从而提高结冰点；此外，人们发现一些与抗逆性相关的植物生长调节剂也表现出很好的抗寒效果，如喷布ABA能提高耐结冰能力。

4. 霜冻后的管理　如果霜冻发生的时期早，仅伤害了结果母枝上部已经萌发的芽，中下部还有冬芽未萌发，可直接剪掉已经萌发受冻的部分，促使下部冬芽萌发，对当年产量影响不大。受害较轻的葡萄园不急于修剪，等树体有所恢复后将确定死亡的梢尖连同幼叶剪除，促使剪口下冬芽或夏芽萌发。受害中等葡萄园，保留未死亡的所有新梢包括副梢，剪除死亡的部分，促使剪口下冬芽或夏芽尽快萌发。上部萌发后的副梢保留延长生长，中下部副梢保留2～3片叶摘心。受害严重的葡萄园，将新梢从基部全部剪除，促使剪口下结果母枝的副芽或隐芽萌发。采取促进生长的栽培管理措施，包括松土或覆膜提高地温，叶片喷布氨基酸（中国农业科学院果树研究所研制的效果佳）叶面肥，加强病虫害防治等。

第三节　涝渍、高温、冰雹

一、涝害与预防

（一）葡萄的抗涝性

涝渍不仅是南方葡萄栽培的制约因素，突如其来的台风大暴雨往往也在北方地区造成短时间涝害（图7-14）。轻度涝渍造

图7-14 涝 害

成葡萄叶片生理性缺水萎蔫、卷曲；中等涝渍造成下部叶片脱落，冬芽萌发，重度涝渍则能造成根系窒息，全株死亡。葡萄总体上是抗涝性较强的树种。我国南方众多野生种如刺葡萄、毛葡萄、华东葡萄等对湿涝均有较强的抗性，有些种如刺葡萄、毛葡萄在南方已经进行商业性规模栽培。葡萄砧木中来自河岸葡萄亲缘关系的砧木比沙地葡萄的更抗涝，因此南方比较多用SO4、5BB、101-14及3309C等作为砧木。实践中发现浸泡在水中4天对所有砧木基本不构成明显伤害；栽培品种的抗涝性中等。

（二）涝害的预防

1.排水设施 建园时不但要选择不易积涝的地形，也需要配套完善的排水设施和网络；不但要注意本葡萄园的排水系统，也要考虑大环境的洪水出路。

2.涝后管理 淹水后土壤板结滞水，需要及时松土，增加土壤通透性，散发水分。较长时间淹水后葡萄根系处于厌氧呼吸状态，大量细根死亡，根系的吸收机能受到影响，应该相应减少枝叶量，清除部分新梢，达到地上和地下新的平衡。修剪的同时进行清园，清除感病的病枝叶、病果，遏制病源传播。及时进行病虫害防治，重点是防治霜霉病和果实病害，配合喷药进行根外追肥，以喷施中国农业科学院果树研究所研发的系列果树专用叶面肥效果最佳。保肥力差的园片适量追施氮磷钾复合肥（以中国农业科学院果树研究所研发的葡萄同步全营养配方肥效果佳），以恢复树势，增加贮藏营养，增强越冬性。

二、高温伤害及预防

（一）高温伤害的类型及发生原因

葡萄作为森林内蔓生匍匐性生长的浆果植物，其最适生长温度为25～30℃，超过30℃光合作用下降，35～40℃的高温往往能导致植株水分生理异常，叶片特别是果实发生不同程度的日灼或日烧，严重影响生长发育。

1. **落花落果** 花期高温往往发生于南方和西北干旱地区如新疆等地。花期也是新梢快速生长期，持续的高温后容易促进新梢的营养生长，如果叠加过多氮肥和水分，容易出现新梢徒长，和花穗竞争营养，引起落花。

2. **气灼病** 气灼病也称为缩果病（图7-15），多发生于幼果膨大硬核期，发生的气象条件为连续阴雨土壤饱和，或漫灌后土壤湿度大，果粒上有水珠，而后骤然闷热升温，几小时内就会出现症状，表现

图7-15 气 灼

为失水凹陷，初为浅黄褐色小斑点，后迅速扩大，似开水烫状大斑，病斑表皮以下有些像海绵组织。最后逐渐形成干疤，从而导致整个果粒干枯。气灼病是生理性水分失调症，根本原因是根系水分吸收和地上部新梢、果实水分蒸散不平衡，根系弱，吸收能力差，地上新梢生长旺盛，果实竞争能力差。果品薄的品种如红地球、龙眼、白牛奶等品种，气灼病发生比较严重；疏果晚（套袋前才疏果）及套袋也容易发生气灼病。

3. **日烧病** 高温干旱的盛夏由于强光照射特别是强紫外线照射，容易造成叶片和果实的灼伤，通常称为日烧病，叶片边缘表现大范围火烧状黄褐色斑，果实上也呈现火烧状洼陷褐斑；红地球、美人指、巨峰、温克等品种较重（图7-16）。产量过高、管理粗放的果园日烧病发生严重。一切使果实易受到直接照射的管理技术措施容易发生日烧。如东西行向比南北行向容易发生日烧；篱架比棚架容易发生日烧；果穗周边有副梢和叶片遮挡的不容易日烧，套优质白色果袋的不容易发生日烧。

图7-16 日 烧

（二）高温伤害的预防或减轻

1.种植技术调整 光照强、容易发生高温伤害的葡萄园，南北行种植，新梢平缚或下垂的架式；疏粒应及早进行，太晚容易在高温天气增加果穗水分的蒸散，诱发果实日灼；采用避雨栽培模式，或果穗用报纸打伞，或套透气性好的优质果袋。增加果穗周边的叶片数，采取轻简化副梢管理方式。

2.平衡树势，控氮增钙 增施有机肥，改良土壤结构，保持土壤良好的通透能力，严格控制前期氮化肥使用量，控制树势，养根壮树，避免新梢徒长。喷布氨基酸钙（中国农业科学院果树研究所研制的效果佳）提高果实钙含量，增加保水抗高温能力，提高叶片光合功能，减轻高温的伤害。

3.科学灌溉 适时灌水，尤其是套袋前后要保持土壤适宜的含水量。盛夏要注意灌溉时间，避免高温时段浇水，可在17～18时至翌日早晨浇水。生草或覆草等有利于降低小环境温度，保持土壤水分，减少气灼或日烧。

三、雹灾及预防

（一）雹灾特征

冰雹是强对流天气过程产生的结果。春夏之交，气温逐渐升高，大气低层受热增温，当有较强的冷空气侵入时容易形成强烈的对流，有利于发展成积雨云，积雨云是冰雹天气的主要云系。雹灾季节变化明显，春夏为全国降雹的主要时段，雹灾尤其集中出现在5～7月；降雹与成灾在空间分布上有明显的差异，北方雹灾多于南方。冰雹发生有很强的局地性，雹区呈带状，出现范围较小，时间短促；一天之中雹灾多出现于午后和傍晚；冰雹来势猛、强度大，常伴随狂风、强降水等阵发性灾害性天气，冰雹对葡萄枝叶、茎秆和果实产生机械损伤，造成减产或绝收（图7-17）。

图7-17 雹灾危害状

（二）雹灾的预防或减轻

1. 架设防雹网 在雹灾多发区利用防雹网防灾是葡萄生产中抵御自然灾害的有效方法，河北省林业科学研究院在怀来葡萄产区推广应用防雹网取得了良好效果，架网葡萄园比无网灾后管理园每667米²增收6 600元。此外，防雹网还可以同时防鸟害，对减少葡萄损失效果明显。

（1）防雹网的选择。防雹网材质以尼龙网为主，一般分为三合一、六合一、九合一3种，其使用年限为5～10年。网眼边长以1.2～1.5厘米为宜，越小防雹效果越好。

（2）防雹网的架设。

①设置支架。新建园，防雹网支架的设置与葡萄立柱合二为一，但要求作为防雹网的支架立柱，较原有设计长度增加60厘米，其中地下多埋10厘米，地上多留50厘米，以增加稳定性和承载防雹网的能力。老园，已经建好的园子一般立柱高度不足2米，因此需要增高。可选取木杆，将表面刮光滑，顶部锯成平面，下边削成马蹄形，然后用直径10～12毫米的铁丝将木

杆绑扎在原立柱上，木杆在支架上面留50厘米，下面留30厘米和原支架绑紧。

②设置网架。支架（立柱）架好后，用已备好的直径4.0毫米的8号镀锌铁丝或直径3.2毫米的10号镀锌铁丝，或者钢丝架设网架。先架边线，葡萄园四周边线采用直径4.0毫米以上的镀锌铁丝双股，然后从边线引横线竖线形成2.5米×6米网架，网架要用紧线器拉紧。

③布网。网架架好后，把已备好的防雹网平铺在网架上，拉平拉紧，在中间和边缘用尼龙绳或直径0.9毫米的20号细铁丝固定。

④压网。防雹网架设好后上面用尼龙绳将防雹网固定。风大的地方需用细竹竿或细木棍与铁丝网架绑紧（图7-18）。

图7-18　架设防雹网

2.雹灾后管理措施

（1）喷施杀菌剂。雹灾过后，葡萄果实和叶片破损受伤，容易引发病害的发生，因此应立即喷施保护性杀菌剂如波尔多液和代森锰锌等，并混加内吸性杀菌剂预防白腐病和灰霉病等果实病害。

（2）清理果园，降低负载。喷施杀菌剂后，及时清理果园，清除落地果、叶；对于叶片受损较重的果园，根据叶片受损程度相应疏穗降低负载，同时保留萌发的副梢叶进行补偿。

（3）叶面喷肥。雹灾过后增加叶面肥的喷施次数，以喷施中国农业科学院果树研究所研发的系列果树专用叶面肥效果最佳，提高叶片光合效能，促进花芽分化，促进枝条成熟，提高树体越冬性能。

第八章　病虫害综合防治

第一节　病虫害防治的关键点

一、休眠解除至催芽期

落叶后，清理田间落叶和修剪下的枝条，集中焚烧或深埋或粉碎发酵为堆肥还田，并喷施1次200～300倍80%的必备或1：0.7：100倍波尔多液等；发芽前剥除老树皮，于绒球期喷施3～5波美度石硫合剂，而对于上年病害发生严重的葡萄园，首先喷施美胺后再喷施3～5波美度石硫合剂。

二、新梢生长期

1.2～3叶期　此期是防治红蜘蛛/白蜘蛛（图8-1）、毛毡病（图8-2）、绿盲蝽（图8-3）、白粉病、黑痘病的非常重要的防治时期。发芽前后干旱，红蜘蛛/白蜘蛛、毛毡病、绿盲蝽和白粉病是防治重点；空气湿度大，黑痘病、炭疽病和霜霉病是防治重点。

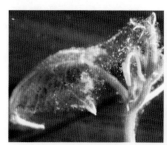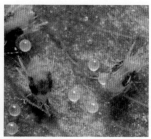

图8-1　二斑叶螨（白蜘蛛）

图8-2　毛毡病

图8-3　绿盲蝽

图8-4　斑衣蜡蝉

2.花序展露期　此期是防治炭疽病、黑痘病和斑衣蜡蝉（图8-4）的非常重要的防治时期。花序展露期空气干燥，斑衣蜡蝉、红蜘蛛/白蜘蛛、毛毡病、绿盲蝽和白粉病（图8-5）是防治重点；空气湿度大，黑痘病（图8-6）、炭疽病和霜霉病是防治重点。

3.开花前2～4天　此期是灰霉病（图8-7）、黑痘病、霜霉

图8-5　白粉病

图8-6　黑痘病

图8-7　灰霉病

病（图8-8）、炭疽病（图8-9）和穗轴褐枯病（图8-10）等病害的防治时期。

图8-8　霜霉病

图8-9　炭疽病

图8-10　穗轴褐枯病

三、落花后至果实发育期

落花后是防治黑痘病、炭疽病和白腐病的防治时期。如设施内空气湿度过大，霜霉病和灰霉病也是防治点，巨峰系品种要注意链格孢菌对果实表皮细胞的伤害；如果空气干燥，白粉病、红蜘蛛/白蜘蛛和毛毡病是防治重点。

果实发育期要注意霜霉病、炭疽病、黑痘病、白腐病（图8-11）、斑衣蜡蝉和叶蝉等的防治，此期还是防治缺钙等元素缺素症的关键时期。

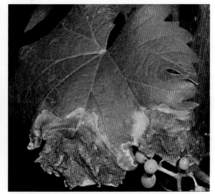

图8-11　白腐病

第二节　病虫害防治的常用药剂

一、防治虫害的常用药剂

防治红蜘蛛/白蜘蛛和毛毡病等使用杀螨剂如阿维菌素（齐螨素）、苦参碱、哒螨酮、四螨嗪、炔螨特、三唑锡、浏阳霉素、噻螨酮（尼索朗）、螺虫螨酯、硫悬浮剂和螺虫乙酯等；防治绿盲蝽和斑衣蜡蝉等使用杀虫剂如苦参碱、天然除虫菊素、烟碱、吡虫啉、灭多威、螺虫乙酯、氯氰菊酯和毒死蜱等。

二、防治病害的常用药剂

1. 防治白粉病 常用甲氧基丙烯酸酯类（如嘧菌酯、醚菌酯和吡唑醚菌酯）、烯唑醇、哈茨木霉菌、硫悬浮剂、苯醚甲环唑、氟硅唑、氟菌唑、腈菌唑、福美双、戊唑醇、抑霉唑、丙环唑、三唑酮、枯草芽孢杆菌等药剂。

2. 防治黑痘病 常用波尔多液、水胆矾石膏、甲氧基丙烯酸酯类（如嘧菌酯）、代森锰锌、烯唑醇、苯醚甲环唑、氟硅唑、抑霉唑、戊唑醇、多菌灵等药剂。

3. 防治炭疽病 常用波尔多液、代森锰锌、水胆矾石膏、苯醚甲环唑、季铵盐类、甲氧基丙烯酸酯类（如吡唑醚菌酯、嘧菌酯）、抑霉唑、丙环唑、哈茨木霉菌、戊唑醇、福美双等杀菌剂。

4. 防治霜霉病 常用波尔多液、甲氧基丙烯酸酯类、水胆矾石膏、代森锰锌、嘧菌酯、烯酰吗啉、吡唑醚菌酯、（精）甲霜灵、哈茨木霉菌和霜脲氰等杀菌剂。

5. 防治灰霉病 常用波尔多液、福美双、嘧菌酯、嘧霉胺、抑霉唑、异菌脲、腐霉利、哈茨木霉菌、多菌灵、多抗霉素、丙环唑和甲氧基丙烯酸酯类等药剂。

6. 防治白腐病 常用波尔多液、代森锰锌、甲氧基丙烯酸酯类、烯唑醇、嘧菌酯、苯醚甲环唑、戊唑醇、抑霉唑和氟硅唑等药剂。

7. 防治酸腐病 先摘袋，剪除烂果（烂果不能随意丢在田间，应使用袋子或桶收集到一起，带出田外，挖坑深埋），用80%水胆矾石膏400倍液＋2.5%联苯菊酯1 500倍液（＋灭蝇胺5 000倍液）混合液，涮果穗或浸果穗。药液干燥后重新套袋（用新袋）。对于葡萄品种混杂的果园，在成熟早的葡萄品种的转色期：用80%水胆矾石膏400倍液＋2.5%联苯菊酯1 500

倍液＋灭蝇胺5 000倍液混合液整树喷洒，并配合地面使用熏蒸性杀虫剂。

三、防治缺素症的常用叶面肥

常用氨基酸螯合态或络合态的硼、锌、铁、锰、钙等防治缺素症效果较好的叶面肥防治缺素引起的生理病害，以中国农业科学院果树研究所研发的系列氨基酸叶面肥效果为佳。

第三节　病虫害防治的农艺措施

加强肥水管理、复壮树势、提高树体抗病力是病害防治的根本措施；加强环境控制、降低空气湿度是病害防治的有效措施；及时清园是病虫害防治的辅助措施。

第九章　果园小型、实用、新型机械

　　果树不仅是我国的优势产业之一，也是劳动密集型产业。然而由于多年生果园的传统栽培模式存在的架式过低、行距过窄和行头过小等问题严重制约了果园生产机械化的实施，果园机械化水平提升速度远远落后于大田作物，果树生产管理过程的机械化程度很低，如果树挖坑（沟）定植、灌溉、施肥、修剪、病虫害防治和采收等生产管理活动基本依靠手工操作进行，不仅劳动强度大、劳动效率低，而且标准化程度低。近年来，随着工业化及城镇化的快速发展，大量农业劳动力向二、三产业转移，果树生产人工成本大幅度增加，直接影响到果树产业的经济效益。因此，对果园机械化生产技术和装备的需求越来越迫切，果树生产管理的机械化已成为实现果树产业现代化的必然要求。

　　2010年，农业部颁布了《农业部关于加强农机农艺融合加快推进薄弱环节机械化发展的意见》，指出农业机械化是发展现代农业的重要物质基础，农业机械化是农业现代化的重要标志。2012年中央1号文件也提出了积极"探索农业全程机械化生产模式"的要求。2013年中国农业科学院将农艺农机融合技术的研发列入院科技创新工程。国内外实践表明，农机农艺有机融合是实现果园机械化生产的内在要求和必然选择。不仅关系到关键环节机械化的突破，关系到先进适用农业技术的推广普及应用，也影响农机化的发展速度和质量。只有二者相互协调、彼此交叉、有机结合，才能真正实现果园生产的机械化和现代化。发展我国果园机械化生产技术，要基于我国果树产业发展现状，坚持果树和机械相结合的基本原则，从苗木培育、果树定植、果园管理（整形修剪、土肥水管理、病虫害防治、埋土防寒和环境监测与调控等）到果实采摘收获等果树全程管理作业出发，系统全面地开展研究与示范推广工作。为此，中国农业科学院果树研究所联合山东农业大学和高密市益丰机械有限公司开展了果园机械化生产农艺农机的创新与融合研究，取得了初步成果，筛选出了部分适合果园机械化生产的果树品种及砧木，提出了适于我国果园机械化生产的部分配套农艺措施，研发出了部分配套农机装备。

第一节　果园土壤管理机械

果园土壤管理的目的是为果树生长发育创造良好的土壤水、肥、气、热环境，促进果品的优质、高效，因此，土壤管理在果树周年管理中占有重要地位。土壤管理主要指果园的土壤耕作和土壤改良培肥，其中土壤耕作主要包括清耕法、生草法、覆盖法、免耕法和清耕覆盖法等，目前运用最多的是清耕法和生草法两种，增施有机肥或种植绿肥增加土壤有机质含量是土壤改良的核心技术。因此，碎草机和有机肥施肥机等是果园机械化生产土壤管理所必需的机械装备，为此中国农业科学院果树研究所研发出果园碎草机和有机肥施肥机等土壤管理配套农机装备。

一、果园碎草机

果园生草是果园土壤管理制度一次重大变革，作为一种先进的果园土壤管理方法，从19世纪中叶始于美国，在世界果品生产发达国家新西兰、日本、意大利和法国等国的果园土壤管理中得到很好的应用，并取得了良好的生态及经济效益。我国于20世纪90年代开始将果园生草制作为绿色果品生产技术体系的重要技术措施在全国推广。但在果园生草过程中，由于缺乏有效碎草手段，生产的绿肥得不到及时有效处理，致使生草效果受到较大影响。为此，结合果园生草栽培技术的要求，中国农业科学院果树研究所浆果类果树栽培与生理科研团队开展了果园碎草机的研制，并进行了样机的田间试验。

（一）行间碎草机

该机主要由动力输入输出装置、锤片式碎草装置、平衡装置和保护装置等组成，用于生草果园行间绿肥的粉碎。

1. 工作原理 本机是利用拖拉机提供动力，通过传动系统驱动粉碎部件高速旋转，将果园绿肥直接粉碎并还田的农机具。工作原理：通过调整高速旋转碎草刀的作业高度，对果园绿肥进行砍切作业，在负压作用下切断的果园绿肥从喂入口处被吸入机壳内（粉碎室），然后在多次砍切、打碎、撕裂、揉搓作用下将切断的果园绿肥粉碎成碎段和纤维状，最后在气流作用下，粉碎的绿肥被均匀抛洒到田间。

2. 主机结构选型 按工作部件的运动方式可将碎草机分为卧式和立式两类。其中卧式碎草机的工作部件绕与机具前进方向垂直的水平轴旋转，立式碎草机的工作部件绕与地面垂直的轴旋转。按传动方式可将碎草机分为单边传动和双边传动两类或齿轮、皮带和链条传动3类。

通常碎草刀采用逆转（刀轴的旋转方向与前进方向相反）方式作业，以便能够充分地将地面的草茎进行拣拾并粉碎。考虑到果园栽培特点，本机整机结构采用卧式单边V带传动。

3. 整机结构与动力传递

（1）整机结构。整机由机架与悬挂机构、万向传动轴、机罩、变速箱、刀箱、刀轴、碎草刀、张紧轮和地轮（镇压滚）等部件构成（图9-1）。

（2）动力传递。本机以22～45千瓦履带拖拉机和轮式拖拉机为动力源，利用动力输出轴传递动力，然后经传动轴、变速箱输入轴、锥齿轮加速换向、主动皮带轮、从动皮带轮带动刀轴高速旋转。

4. 技术参数与农艺指标

（1）技术参数。适于各种土壤条件，作业道宽度1.5米以

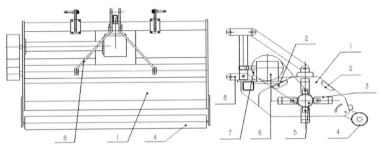

图9-1 果园行间碎草机总体结构示意图及样机

1.机架 2.定刀 3.动刀 4.压草辊
5.刀轴 6.传动箱 7.主动皮带轮
8.悬挂机构

上，留有4.0米以上行头；动力需求≥12千瓦；工作效率为2 000～4 000米²/小时。

（2）农艺指标。可将自然绿肥或人工绿肥等粉碎为5～15厘米长的碎段，适于各种栽培形式的果园。

5.田间试验

（1）试验条件与方法。2012年8月，样机在中国农业科学院果树研究所葡萄核心技术试验示范园进行整机性能试验，试验条件：试验示范园栽培模式分为平棚架、V形架和直立篱架3种，田间零散分布碎石，碎草机作业速度2.5千米/小时，碎草面积2 000米²。测定方法：

①碎草效果。碎草作业结束后，划定50厘米×50厘米的样方统计碎草效果，草段长度划分为0～50毫米、50～100毫米和≥100毫米3个等级，重复3次。

②碎草效率。分别记录碎草机和人工完成667米²果园行间绿肥碎草作业的用时（图9-2）。

图9-2 果园行间碎草机田间整机性能试验

（2）结果与分析。

①机械稳定性。果园碎草机运行稳定可靠，安全性能高，没有碎石从罩壳内飞出。

②碎草效果。碎草效果良好，长度0～50毫米的草段占总草段的32%，长度50～100毫米的草段占总草段的59%，只有9%的草段长度≥100毫米，完全满足生草果园对田间碎草的作业要求。

③碎草效率。根据统计，果园碎草机完成667米^{2}果园行间的碎草作业用时15分钟，而人工需用时10小时，因此，果园碎草机碎草作业的效率是人工割草作业的40倍，且碎草效果显著好于人工割草。

此外，根据生产需求，中国农业科学院果树研究所浆果类果树栽培与生理科研团队还研发出小型自走式果园碎草机（图9-3），同时在果园碎草机的基础上研发出枝条粉碎机（图9-4）。

图9-3 小型自走式果园行间碎草机

（二）树盘碎草机

该机主要由液压马达、碎草装置或松土装置、保护装置和避障装置等组成，用于生草果园树盘绿肥的粉碎或树盘的

图9-4 枝条粉碎机及其田间整机性能试验

划锄松土作业。

1. 主机结构选型 按工作部件的运动方式可将碎草机分为卧式（工作部件绕与机具前进方向垂直的水平轴旋转）和立式（工作部件绕与地面垂直的轴旋转）两种类型；按传动方式可将碎草机分为单边传动和双边传动两种类型或齿轮、皮带和链条传动3种类型。通常碎草刀采用逆转（刀轴的旋转方向与前进方向相反）方式作业，以便能够充分地将地面的草茎进行拣拾并粉碎。考虑到果园栽培特点，本机整机结构采用卧式单边齿轮传动。

2. 整机结构与动力传递

（1）整机结构。整机主要由机架、双联油泵、液压马达、液压油缸、障碍控制装置、刀轴、刀片、镇压棍等装置组成（图9-5）。

（2）动力传递。本碎草机与22～45千瓦的履带拖拉机或轮式拖拉机配套使用，由拖拉机输出的动力，经过传动轴传给动力输入轴，由动力输入轴驱动主动链轮经过链条传给油泵驱动双联油泵，通过油泵加压的高压油一路传给仿形回转阀，遇到果树或障碍物时通过仿形杆驱动仿形回转阀带动回转油缸做障碍物躲避运动。一路传给液压分配器，压力油通过液压分配器传给液压马达，通过联轴器、驱动刀轴带动刀片将草割倒并将草粉碎并抛洒在地上，通过镇压滚筒的镇压使碎草不被风吹走。

3. 技术参数与农艺指标

（1）技术参数。适于各种土壤条件，作业道宽度1.5米以

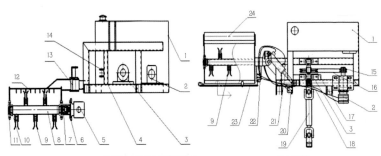

图9-5　果园树盘碎草机总体结构示意图及样机

1.油箱　2.高压油泵　3.动力输入轴轴承座　4.机架　5.液压马达
6.液压马达安装座　7.联轴器　8.刀轴　9.刀片　10.刀轴油封座
11.刀轴支架　12.定刀　13.刀轴支架安装座　14.回转支点　15.油泵驱动链轮
16.链条　17.主动链轮　18.动力输入轴　19.传动轴　20.液压分配器
21.回转油缸　22.仿形回转阀　23.仿形杆　24.镇压滚筒

上，留有4.0米以上行头；动力需求≥37千瓦；工作效率为2 000～4 000米²/小时。

（2）农艺指标。可将自然绿肥和人工绿肥等粉碎为5～15厘米长的碎段或进行深度为2～5厘米的划锄松土作业，适于各种栽培形式的果园。

4.田间试验

（1）试验条件与方法。2012年8月，样机在中国农业科学院果树研究所葡萄核心技术试验示范园进行整机性能试验（图9-6），试验条件：试验示范园栽培模式分为平棚架、V形架和直立篱架3种，田间零散分布碎石，碎草机作业速度2.5千米/小时，碎草面积2 000米^2。测定方法：

①碎草效果。碎草作业结束后，划定50厘米×50厘米的样方统计碎草效果，草段长度划分为0～50毫米、50～100毫米和≥100毫米3个等级，重复3次。

②碎草效率。分别记录碎草机和人工完成667米^{2}果园行间绿肥碎草作业的用时。

（2）结果与分析。

①机械稳定性。果园树盘碎草机运行稳定可靠，安全性能高，没有碎石从罩壳内飞出。

②碎草效果。碎草效果良好，长度0～50毫米的草段占总草段的26%，长度50～100毫米的草段占总草段的53%，只有21%的草段长度≥100毫米，完全满足生草果园对田间碎草的作业要求。

③碎草效率。根据统计，果园碎草机完成667米^{2}100米长度果园行内的碎草作业用时20分钟，而人工需用时6.5小时，因此，果园碎草机（行内）碎草作业的效率是人工割草作业的19.5倍，且碎草效果显著好于人工割草。

图9-6　果园树盘碎草机样机田间整机性能试验

二、有机肥施肥系统

有机肥的施用是果园土壤改良的核心技术措施，具有增强果树树势、提高果树产量、改善果实品质的重要作用。有机肥的合理施用方法是将肥料施在离根系集中分布区稍深、稍远的区域，针对葡萄而言，有机肥适宜的施肥深度为40～50厘米、适宜的施肥位置为距主干40厘米左右。目前果树生产中，由于缺乏有效的有机肥施肥机械，基本上采取表面撒施的方法，导致根系上浮严重，严重降低了果树对干旱、寒冷等逆境的抵抗能力。为此，为解决有机肥施用存在的上述问题，开展了有机肥施肥机械的研制，并进行了样机的田间试验。

（一）商品有机肥施肥机

该机主要由动力输入输出装置、开沟装置、施肥装置、搅拌装置和土壤回填装置5部分组成，可一次性完成商品有机肥和化肥的机械化施肥作业，施肥宽度和深度的变换可通过换装开沟及搅拌零部件实现。

1.整机结构　本有机肥施肥机与≥66千瓦动力平台配套施用。整机主要由机架、传动箱、施肥箱、排肥器、开沟器、搅拌器和回填器等装置组成，采用旋转开沟、螺旋排肥器排肥、旋转头搅拌、搅龙回填相结合，实现施肥沟内侧距离主干最近可达40厘米，施肥沟宽度可达30厘米，深度可达35～50厘米，作业速度可达300～800米/小时（图9-7）。

2.技术参数与农艺指标

（1）技术参数。适于无较大石块的各种土壤，作业道宽度1.5米以上，留有4.0米以上行头；动力需求≥66千瓦；工作效率为100～600米/小时。

（2）农艺指标。开沟深度30.0～60.0厘米，宽度30.0～50.0厘米，开沟位置最近距主干40.0厘米，施肥深度20.0～50.0厘米，适于各种栽培形式的果园。

3.田间试验

（1）试验条件与方法。2012年8月，样机在中国农业科学院果树研究所葡萄核心技术试验示范园进行整机性能试验，试验条件：试验示范园栽培模式分为平棚架、V形架和直立篱架3种，田间零散分布碎石，施肥作业速度500米/小时，施肥长度

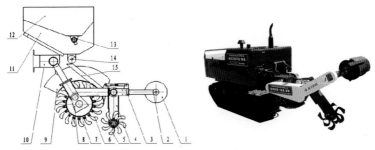

图9-7　偏置式果园开沟施肥搅拌回填一体机总体结构示意图及样机

1.回填搅龙　2.回填搅龙支架　3.连接支架　4.搅拌刀传动箱　5.搅拌刀
6.开沟刀　7.开沟刀安装盘　8.开沟刀驱动箱　9.护罩　10.传动箱　11.有机肥施肥箱
12.化肥施肥箱　13.化肥排肥器　14.有机肥排肥器　15.肥料滑道

100米（图9-8）。

（2）结果与分析。

①机械稳定性。施肥作业过程中，样机运行稳定可靠，主体安全性能较高。

②施肥效果。施肥深度（最深可达45厘米深）、搅拌均匀度和土壤回填等均达到设计要求，完全满足了果园商品有机肥施肥的作业要求。

图9-8　商品有机肥施肥机（开沟施肥搅拌回填一体机）田间整机性能试验

③施肥效率。根据统计，作业效率是人工的40倍以上。

（二）农家肥施肥机

该机是为农家肥的机械施入而研发，由开沟机和搅拌回填一体机两台机械装备组成，首先利用开沟机完成开沟作业，然后人工将农家肥等施入沟内，最后由搅拌回填一体机完成农家肥与土壤的搅拌混匀和土壤回填，具有施肥深度和宽度可调功能。

1.**偏置式开沟机**　该机利用抛土铲铣削和抛运两种复合动作将泥土抛起并通过导板将泥土导向一侧完成开沟作业（图9-9）。

（1）技术参数。适于无较大石块的各种土壤，作业道宽度

1.5米以上，留有4.0米以上行头；动力需求≥66千瓦；工作效率为100～600米/小时。

（2）农艺指标。开沟深度30～60厘米，宽度30～50厘米，开沟位置最近距主干30～40厘米。

2. 偏置式搅拌回填一体机 该机首先通过卧轴搅拌装置将肥土搅拌后，再利用螺旋推进装置将泥土回填回沟内（图9-10）。

图9-9　偏置式果园开沟机　　　图9-10　偏置式搅拌回填机

（1）技术参数。适于无较大石块的各种土壤，作业道宽度1.5米以上，留有4.0米以上行头；动力需求≥37千瓦；工作效率为200～800米/小时。

（2）农艺指标。搅拌深度30～60厘米，宽度30～50厘米，肥土搅拌混匀和土壤回填一次性完成。

此外，根据生产需求，中国农业科学院果树研究所浆果类果树栽培与生理科研团队还研发出小型自走式开沟机和回填机（图9-11、图9-12）。

图9-11　小型自走式果园开沟机　　　图9-12　小型自走式果园回填机

第二节 果园施肥管理机械

施肥作为果树栽培管理中的重要环节，对于提高果树产量、改善品质有重要作用，科学合理施肥是发展优质果品的重要保证。合理的施肥方法是将肥料施在离根系集中分布区稍深、稍远的区域。基肥的施用常用条沟法，将有机肥和适量化肥与表土同时回填入沟内，翻匀，最后用剩余土壤填满沟。追肥分土壤追肥和叶面追肥。土壤追肥常用穴施或浅沟施，针对葡萄而言，通常在距树干40厘米左右开沟，深度20～30厘米，施后盖土。叶面追肥，是将肥料溶于水后，进行叶面喷雾。因此，偏置式化肥施肥机、有机肥施肥机和高效精细弥雾机等是果园机械化生产施肥管理所必需的机械装备。

目前实际生产中，由于缺乏相应配套机械设备，土壤施肥多采用犁铧开沟或撒施方式施肥，不仅造成肥料利用率低，而且导致根系上浮现象发生严重，葡萄抗寒、抗旱等抗逆能力严重下降。为解决化肥施用存在的上述问题，开展了有机肥（见本章 第一节 果园土壤管理机械 中的二、有机肥施肥系统）和化肥施肥机械的研制，并进行了样机的田间试验。

偏置式振动深松化肥施肥机是中国农业科学院果树研究所为提高化肥的施用效率而研发，由动力输入输出装置、振动开沟装置和施肥装置等组成，在施入化肥的同时，对土壤具有一定的疏松效果。

一、整机结构

配套动力 ≥ 29.5千瓦，利用拖拉机动力输出轴驱动传动箱，带动振动铲工作。整机由机架、传动箱、施肥箱、排肥器和振动铲等装置组成（图9-13）。

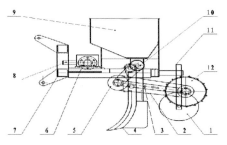

图9-13　偏置式振动深松化肥施肥机总体结构示意图及样机实物

1.地轮　2.排肥器驱动链条　3.排肥器驱动地轮支架　4.施肥铲
5.排肥器驱动链轮　6.传动箱　7.机架　8.传动箱输入轴　9.肥料箱
10.排肥器　11.地轮支架　12.排肥器驱动地轮

二、技术参数与农艺指标

1.技术参数　适于各种土壤条件，作业道宽度1.5米以上，留有4.0米以上行头；动力需求≥29.6千瓦；工作效率为500～2 200米/小时。

2.农艺指标　施肥深度20～40厘米，施肥位置距离主干最近30厘米。

三、田间试验

（一）试验条件与方法

2012年9月，样机在中国农业科学院果树研究所葡萄核心技术试验示范园进行整机性能试验，试验条件：试验示范园栽培模式分为平棚架、V形架和直立篱架3种，田间零散分布碎石，施肥机作业速度1.5千米/小时，作业长度1 000米（图9-14）。

（二）结果与分析

施肥过程中，样机运行稳定可靠，主体安全性能较高，施肥深度和均匀度均达到设计要求，完全满足了果园化肥施肥的作业要求，作业效率是人工的50倍以上。

此外，根据生产需求，中国农业科学院果树研究所浆果类果树栽培与生理科研团队还研发出小型自走式多功能开沟施肥机（图9-15）。

图9-14 偏置式振动深松化肥施肥机田间整机性能试验

图9-15 小型自走式多功能开沟施肥机

第三节 果园植保管理机械

植保作业是葡萄生产中的重要环节，其作业好坏直接影响葡萄的经济效益。大部分葡萄产区仍然以人力植保作业为主，劳动强度大，作业质量差，农药浪费污染严重。目前，国际上农药使用技术不断改进、完善，为了减少环境污染，大量应用低容量、超低容量、控滴喷雾、循环喷雾、仿形喷雾、风送静电喷雾、隧道式循环喷雾、精确喷雾等一系列新技术、新机具，国内亦有不少相关研究，施药量大大降低，农药的利用效率和工效大幅度提高。目前，急需开发我国果树种植者能够买得起并容易操作使用的高效精细喷雾机械装备。为提高果园病虫害防治和叶面肥喷施效率，中国农业科学院果树研究所研发出风送气送静电三结合式高效精细弥雾机，由动力输入输出装置、气送雾化装置、风送二次雾化和防飘逸装置、静电发生装置、电磁控制装置等组成，弥雾效果远优于一般弥雾机。

一、整机结构

本机与22～45千瓦的履带拖拉机或轮式拖拉机配套使用。整机由药泵、气泵、风机、药箱、控制阀、喷嘴、静电发生器、管道及传动轴、增速机构、机架、行走轮等组成，使用牵引架与主机相连接，动力由后动力输出轴通过万向传动轴提供。换向箱的输入轴与万向节连接，经万向节传动轴输出到机具后方的大小带轮，进而带动空气压缩机、柱塞泵和风机。空气压缩机、风机和柱塞泵等组成的主体部分通过底架固接在牵引架上（图9-16）。

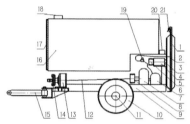

图9-16 气力雾化风送式果园静电弥雾机总体结构示意图及样机

1.风机外壳 2.风机叶轮 3.风机驱动轴 4.风机驱动轴座 5.风机驱动皮带轮
6.药泵 7.空气压缩机 8.空气压缩机驱动皮带轮 9.机架 10.支撑轮
11.支撑轮轴 12.传动轴 13.传动箱 14.联轴器 15.牵引支架 16.药箱
17.液位指示器 18.加水口 19.控制电磁阀 20.静电发生器 21.喷头

二、技术参数与农艺指标

1.技术参数 适于各种土壤条件，作业道宽度1.5米以上，留有4.0米以上行头；动力需求≥12千瓦；工作效率为$2.67 \times 10^3 \sim 5.34 \times 10^3$米^2/小时。

2.农艺指标 喷药半径2.0～4.0米，液滴直径30～100微米，适于各种栽培形式的果园。

三、田间试验

（一）试验条件与方法

1.试验条件 在中国农业科学院果树研究所葡萄核心技术试验示范园对该弥雾机进行了雾滴分布测试试验。棚架栽培葡萄株行距0.7米×4.0米，树体叶幕厚度和长度分别为0.4米和3.5米；V形架栽培葡萄株行距0.7米×3.5米，树体叶幕厚度和长度分别为0.4米和1.4米，叶幕与地面呈45°倾斜角；篱架栽培葡萄株行距0.7米×3.5米，树体叶幕厚度和长度分别为0.4米和1.4米。

2.试验方法 依据《风送式果园喷雾机作业质量》（NY/T 992—2006）对该气力雾化风送式果园静电弥雾机进行试验（图9-17）。对葡萄树设定了测量点：篱架栽培将叶幕沿铅垂方向设定上、中、下3个测试层面，每测试层面分为叶幕外层和内层；V形架栽培将叶幕沿倾斜方向设定上、中、下3个测试层面，每测试层面分为叶幕外层和内层；棚架栽培将叶幕沿水平方向设定左、中、右3个测试层面，每测试层面分为叶幕上层和下层。试验时，先将50毫米×80毫米的格纸按测试要求用双面胶粘在测试树定点位置叶片的背面和正面上，以甲基紫为示踪剂，将溶解好的甲基紫混入盛水药箱中，预混均匀后启动拖拉机，喷头距离叶幕30厘米，以1.5米/秒作业速度扫描喷洒，弥雾机工作压力0.05兆帕，离心风机工作转速2 800转/分钟。

图9-17 整机性能试验

（二）结果与分析

气力雾化风送式果园静电弥雾机不仅能二次雾化雾滴，防止了雾滴飘移，同时增加了静电吸附作用，气流还能翻动枝叶，增加了雾滴的穿透性，大大增加了雾滴的附着率。防治病虫害以药液喷布叶片背面为主，叶面正面为辅。根据上述原则，可以看出：棚架栽培水平叶幕防治效果最佳，叶幕下层（外层）叶片背面平均有89.39%的附着率，正面平均有35.36%的附着率；而叶幕上层（内层）叶片背面平均有71.06%的附着率，正面平均有27.45%的附着率。篱架栽培直立叶幕防治效果其次，V形架栽培V形叶幕防治效果略好于篱架栽培直立叶幕。

此外，根据生产需求，中国农业科学院果树研究所浆果类果树栽培与生理科研团队还研发出小型自走式风送弥雾机、龙门架式喷雾机、管式风送弥雾机等植保机械设备（图9-18至图9-20）。

图9-18 管式风送弥雾机

图9-19 龙门架式喷雾机

图9-20 小型自走式风送弥雾机

第四节 果园修剪机械

整形修剪的目的是形成合理叶幕、调整生长与结实的关系，实现果树的适度丰产与优质，主要包括抹芽与疏梢、摘心与剪梢、新梢绑缚、叶幕厚度控制、环剥或环割、摘老叶、枝梢冬剪等技术措施。因此，绑蔓机、绑梢机、夏剪（剪梢）机、环剥或环割机、冬剪机、气动或电动修枝剪、枝条粉碎机等是果园机械化生产整形修剪所必需的机械装备。

欧美国家由于劳动力价格昂贵，葡萄新梢修剪早在20世纪70~80年代就已经实现了机械化，几十年来，剪梢机的结构变化不大，但是由于现代液压技术和电子技术相结合，现代剪梢机的速度更快，效率更高，有的机型还设有枝条回收装置，可以减少病虫害传播，有利于葡萄生长。

我国葡萄夏季修剪一直是靠人工进行，人工修剪特点是准确合理，有利于葡萄产量和品质的提高，但是人工修剪效率低，每人每天只能修剪$667 \sim 1\,000.5$米^2，需要消耗大量劳动力。进入21世纪以来，随着我国经济不断发展和人民生活水平的提高，劳动力成本也越来越高，直接影响到葡萄的经济效益，因此，实现葡萄新梢修剪的机械化是推进我国葡萄产业发展的必由之路。为此，结合不同栽培模式葡萄对新梢修剪的技术要求，中国农业科学院果树研究所开展了仿形式葡萄剪梢机的研制，并进行了样机的田间试验。

一、工作原理

本机通过旋转和摆动部件控制割刀的角度和位置实现仿形功能，使割刀能根据植株的叶幕形状进行调节，最后通过旋转式切割刀工作完成植株新梢的修剪管理。

二、整机结构与传动系统

（一）整机结构

该机由动力输入输出装置、仿形装置和剪梢装置等组成，可实现对葡萄等果树不同叶幕形新梢的修剪作业。整机由液压泵站、液压分配阀、机架、液压马达、切割刀、调节油缸、仿形调节装置等组成（图9-21）。

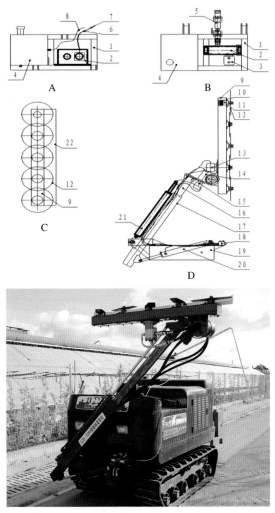

图9-21 仿形式剪梢机结构示意图与样机实物

A.液压站主视图 B.液压站俯视图 C.切割器左视图 D.切割器主视图
1.机架 2.油泵传动箱 3.双联高压油泵 4.油箱 5.传动轴 6.前油泵出油管
7.后油泵出油管 8.回油管 9.割刀支架 10.动刀传动皮带轮 11.刀轴安装座
12.刀片 13.割刀驱动液压马达 14.回转传动箱 15.回转液压马达
16.回转传动箱升降支架 17.回转支架 18.电磁换向阀 19.固定支架
20.摆动油缸 21.伸缩油缸 22.割刀护罩

（二）传动系统

由拖拉机输出的动力，经过传动轴传给油泵传动箱，经油泵传动箱增速后驱动双联高压油泵工作。通过双联高压油泵加压的高压油，后泵传给电磁换向阀，分别控制回转液压马达、摆动油缸和伸缩油缸完成割刀角度和位置的调整，实现仿形功能，同时前泵传给割刀驱动液压马达驱动刀片旋转做切割运动，完成植株新梢的切割。割刀通过调整角度和位置可以完成植株不同高度和不同形状叶幕新梢的修剪作业。

三、技术参数与农艺指标

1. 技术参数　适于各种土壤条件，作业道宽度15米以上，留有40米以上行头；动力需求≥25千瓦；工作效率为2 000～4 000米²/小时。

2. 农艺指标　通过变换剪梢装置的形状可对葡萄的直立叶幕、水平叶幕和Ｖ形叶幕的新梢进行修剪管理。

四、田间试验

（一）试验条件

在中国农业科学院果树研究所葡萄核心技术试验示范园进行整机性能试验（图9-22），试验条件：试验示范园栽培模式分为平棚架栽培模式、Ｖ形篱架栽培模式和Ｉ形篱架栽培模式3种，其中，Ｖ形篱架栽培模式和Ｉ形篱架栽培模式行距为3.0米，平棚架栽培模式行距为4.0米。

（二）结果与分析

从整机性能试验看，葡萄夏剪机工作稳定，效率高，是人工剪梢效率的60倍以上，且对新梢切割效果和仿形效果良好，通过调整剪梢装置的形状不仅可以切割Ｉ形篱架栽培模式的葡萄新梢，还可切割平棚架和Ｖ形篱架栽培模式的葡萄新梢。

需要注意的是，采用葡萄夏剪机修剪葡萄新梢，会使许多叶片具有伤口，因此，采用葡萄夏剪机修剪葡萄新梢，还需及时喷施杀菌剂防止叶片感染病害。

图9-22　仿形式剪梢机田间整机性能试验

第五节　果园越冬防寒机械

越冬防寒是北方地区葡萄等果树周年管理的重要环节，其用工量占全年用工总量的30%左右，一般采取保温材料覆盖防寒和土壤覆盖防寒两种方法。土壤覆盖防寒是生产中最常用的越冬防寒方法，主要包括防寒土覆盖和防寒土清除两个关键步骤。因此，埋藤防寒机和防寒土清除机是北方地区葡萄等果树果园机械化生产所必需的机械装备。

一、埋藤防寒机

目前生产上应用的葡萄埋藤防寒机主要有铧犁式埋藤防寒机、旋耕刀取土输送带送土式埋藤防寒机和铧犁取土翻板抛土式埋藤防寒机3种类型，其中铧犁式埋藤防寒机和旋耕刀取土输送带送土式埋藤防寒机两种类型取土位置离葡萄根系太近，容易伤根，往往造成根系冬季受冻，葡萄根系受冻已经成为制约葡萄产业健康可持续发展的重要因素；铧犁取土翻板抛土式埋藤防寒机虽然能够从行中间取土，但是取土量少且在生草园容易出现机器卡死的现象。针对目前生产上应用的葡萄埋藤防寒机存在的问题，开展了葡萄埋藤防寒机的研制并进行了样机的田间试验。

（一）工作原理与整机结构

1. 工作原理　该机是中国农业科学院果树研究所为葡萄等需越冬防寒果树冬季取土埋藤而研发，由动力输入输出装置、取土装置和抛土装置等3部分组成。利用削土刀将土壤切下向上抛送，然后通过导土板将土壤沿圆周切线斜向上抛出，最后可通过调整导土板的伸缩长度和位置调整抛土距离和土壤散开半径。

2. 整机结构　整机由机架、切土铣抛装置、传动装置和抛土调节装置等组成（图9-23）。

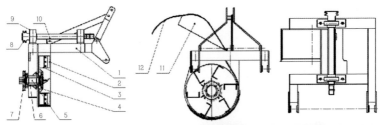

图9-23　葡萄埋藤防寒机的总体结构示意图与样机

1.机架　2.铲刀　3.抛土板　4.甩土刀盘
5.输出轴　6.输出轴轴承座　7.输入链轮
8.输出链轮　9.动力输入轴轴承座
10.动力输入轴　11.导向罩　12.压土板

（二）技术参数与农艺指标

1. 技术参数　适于包括戈壁地在内的各种土壤，作业道宽度1.5米以上，留有4.0米以上行头；动力需求≥36千瓦；工作效率为1 500～1 200米/小时。

2. 农艺指标　送土距离1.0～2.5米，土壤散开半径1.0米左右。

（三）田间试验

1. 试验条件　2012年11月，样机在中国农业科学院果树研究所葡萄核心技术试验示范园进行整机性能试验（图9-24），试验条件：试验示范园栽培模式分为平棚架、V形架和直立篱架3种，田间零散分布碎石，埋藤防寒作业速度300米/小时，作业长度100米。

图9-24　葡萄埋藤防寒机田间整机性能试验

2.结果与分析　埋藤防寒作业过程中，样机运行稳定可靠，主体安全性能较高，埋土厚度、抛土距离、土壤散开半径和取土距离均达到设计要求，同时在作业过程中能够将杂草粉碎，有效防止了机器卡死问题的发生，完全满足果园对埋藤防寒作业的要求，作业效率是人工的30倍以上。

二、防寒土清除机

（一）工作原理与整机结构

1.工作原理　该机是为葡萄等需越冬防寒果树防寒土的清除而研发，由动力输入输出装置、防寒土清除装置和避障装置等3部分组成，利用旋转取土装置将土壤送至原取土沟，可有效躲避葡萄立柱等障碍物，通过调整防寒土清除装置可实现任何栽培形式下防寒土的有效清除。

2.整机结构　整机由机架、传动机构、除土绞龙、平地绞龙和电子避障装置等组成（图9-25）。

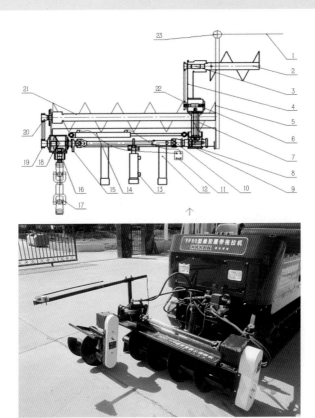

图9-25　防寒土清除机总体结构示意图及样机实物

1.仿形杆　2.清土绞龙　3.清土绞龙驱动轴　4.清土绞龙支架　5.仿形杆调节支架
6.清土绞龙传动箱　7.清土绞龙传动箱套管　8.输出轴滑动座　9.传动锥齿轮
10.传动轴　11.仿形油缸控制器　12.机架　13.升降油缸　14.仿形油缸
15.超载离合器　16.减速换向箱　17.传动轴　18.减速锥齿轮　19.链轮
20.传动链条　21.输送绞龙　22.清除绞龙传动链轮　23.仿行电控装置

（二）传动系统

拖拉机输出的动力通过传动轴传给减速换向箱（传动比
18：29），由减速换向箱输出一路传给平地绞龙，将土输送到
原取土位置；一路通过传动轴传给除土绞龙传动箱6（传动比
1：1）驱动除土绞龙工作。当除土绞龙接近障碍物时通过仿形

杆触碰障碍物将信号传给仿形电控装置，由仿形电控装置将信号传给仿形油缸控制器，通过仿形油缸控制器驱动仿形油缸完成仿形工作。平地绞龙将清除的防寒土均匀摊铺到葡萄行间，达到埋藤防寒土清除及行间地面整平的目的。

（三）技术参数与农艺指标

1. 技术参数　适于各种土壤条件，作业道宽度1.5米以上，留有4.0米以上行头；动力需求≥29.6千瓦；工作效率为500～1 500米/小时。

2. 农艺指标　伸缩范围500毫米，将防寒土回填回原取土位置，适于各种栽培形式的果园。

（四）田间试验

1. 试验条件　2013年3月，样机在中国农业科学院果树研究所葡萄核心技术试验示范园进行整机性能试验（图9-26），试验条件如下：试验示范园栽培模式分为平棚架、V形架和直立篱架3种，田间零散分布碎石，防寒土清除机作业速度800米/小时，作业长度1 000米。

图9-26　防寒土清除机田间整机性能试验

2. 结果与分析　防寒土清除过程中，样机运行稳定可靠，主体安全性能较高，清除土方量（占防寒土总量的1/2～3/4）和清除均匀度均达到设计要求，完全满足了果园越冬防寒土的清除作业要求，作业效率是人工的30倍以上。

第六节　果园机械动力平台

　　动力机械是果园生产机械化的心脏，果园动力机械主要是各种拖拉机和同作业机械配套的内燃机。专用的果园拖拉机有两种类型：一种类型体形较矮、重心低、转弯半径小，适用于果树行间或设施内作业；另一种类型具有 1 米以上的离地间隙，适用于跨越果树行间作业。我国农户果园中很少配备专用果园拖拉机，多是借用大田用拖拉机或三轮车动力代替，难以满足果园作业需求。因此，研制开发适于我国国情的果园动力机械是实现果园机械化生产的重要内容之一。根据我国果园的立地条件和栽培模式及农艺措施的作业要求，机身较矮、重心低、转弯半径小的橡胶履带拖拉机是适合我国果园的动力机械。

一、整机结构与主要技术参数

（一）整机结构

　　该机是为开沟、施肥、碎草、喷药和修剪等果园机械而研发，为上述机械设备提供动力，具有体积小、大功率、灵活机动、通过性高、对土壤破坏性小的特点。整机由发动机、变速箱、车架、履带、液压悬挂系统、驱动轮和支撑轮等组成。根据作业要求，动力平台的主要作业装置布置在右前和后侧，以后侧为主，因此，动力平台总体布置确定为：发动机中置，前驱动；驾驶位置为右前侧，以便于观察作业装备的工作情况（图9-27）。

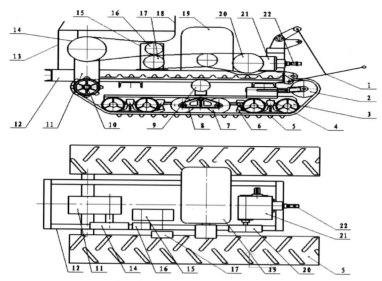

图9-27 低地隙果园机械动力作业平台-橡胶履带拖拉机总体结构示意图

1.悬挂系统 2.履带涨紧轮 3.涨紧轮支撑架 4.下车支架 5.履带
6.履带导向板 7.浮动支撑轮 8.浮动支撑轮支架 9.托带轮 10.驱动轮
11.变速箱 12.上车支架 13.外罩壳 14.变速箱离合器 15.换向箱
16.换向箱输出带轮 17.换向箱输入带轮 18.座椅 19.发动机
20.动力输出变速箱离合器 21.动力输出变速箱 22.动力输出轴

（二）机械技术参数（表9-1）

表9-1 橡胶履带拖拉机技术参数

名 称	参 数	名 称	参 数
配套动力	490A（普通作业）和4105Z（有机肥开沟施肥）柴油机	低速五挡理论速度	2.14千米/小时
发动机功率	42千瓦（普通作业）和66千瓦（有机肥开沟施肥）	低速六挡理论速度	3.56千米/小时
外形尺寸（长×宽×高）	300厘米×142厘米×160厘米	高速一挡理论速度	0.95千米/小时
最小离地间隙	245厘米	高速二挡理论速度	1.65千米/小时

（续）

名　称	参　数	名　称	参　数
结构质量	2 950千克	高速三挡理论速度	2.69千米/小时
变速箱形式	圆柱直齿轮组合式	高速四挡理论速度	3.58千米/小时
农具连接方式	三点悬挂式	高速五挡理论速度	6.19千米/小时
		高速六挡理论速度	10.32千米/小时
低速一档理论速度	0.32千米/时	低速倒一挡理论速度	0.25千米/小时
低速二档理论速度	0.57千米/时	低速倒二挡理论速度	0.93千米/小时
低速三档理论速度	0.93千米/时	高速倒一挡理论速度	0.73千米/小时
低速四档理论速度	1.23千米/时	高速倒二挡理论速度	2.69千米/小时

二、农艺技术参数与指标

1. 技术参数　适于各种土壤条件，作业道宽度1.5米以上，留有4.0米以上行头；动力输出≥47千瓦。

2. 农艺指标　可以实现原地回转、带有标准三点悬挂和动力输出，除安装专用设备外还能加挂其他标准农机具。

三、田间整机性能试验

（一）最小转弯半径试验

最小转弯半径通常用来评价履带拖拉机的转向机动性，它决定了转向时所需的最小地块面积和地头长度。

1. 试验方法　整机在基本作业挡（高速Ⅱ挡）下达到直线

稳定行驶后，通过操纵转向手柄，整机行驶完1个整圆后，测量转向轨迹上的直径，分别实施向左转向和向右转向，每侧测试3次，分别用 D_1、D_2、D_3 表示。

2. 结果与分析 从试验结果可知，本机左转向最小转弯半径175厘米，右转向最小转弯半径174.5厘米，表明本履带拖拉机转向半径较小，转向机动灵活需要的空间较小，能够满足果园机械化作业的要求，达到设计目标。

（二）行驶直线性试验

行驶直线性也是评价履带拖拉机操纵性的一个指标，如果履带拖拉机的行驶直线性不好，就需要频繁对其行驶方向进行调节，不仅增加了操作人员的劳动强度，而且加剧了转向机构的磨损，降低了作业质量（如出现漏耕、重耕等）。

1. 试验方法 在试验场地上，标出行驶中心线和 20 米的预备区，25 米长的测试区间的起始、终止线，整机在基本作业挡（高速三挡）下沿中心线行驶，当前支重轮中心线刚抵达测试区间的起始线时，打开喷印装置，让履带拖拉机自主行驶，此后的试验过程中不再对其进行任何操作，直至任一前支重轮中心抵达测试区间的终止线，试验结束时测量地面上喷印痕迹偏离初始印迹方向的距离即偏驶量 e（图9-28）。上述试验过程重复进行 3 次，记录每次试验的偏驶量和偏驶方向，最后按公式计算偏驶率 ε（%），即

$$\varepsilon = e/l \times 100\% \tag{9-1}$$

式中，e 为偏驶量，米；l 为测试区间的长度，米。这里取整机向左偏驶时 e 为正值。

2. 结果与分析 测量得到 3 次试验的偏驶量分别为0.130、0.161 和 −0.105米，分别代入式（9-1）中计算，得到平均偏驶率为0.528%，而国家标准中规定履带拖拉机的偏驶率一般不超过 1%，可见本机偏驶率满足要求，行驶直线性较好，即本机在直线行驶时不需要频繁地通过控制转向来修正直线性。

通过分析，该机产生偏驶的主要原因：橡胶履带之间的张

图9-28 低地隙果园机械动力作业平台——橡胶履带拖拉机
田间整机性能试验与样机

紧度不完全相等，所以即使两侧驱动轮输出的转速相同，两侧履带的行驶情况也不完全相同；此外，地面不平度、两侧附着性能的差异等也会造成履带拖拉机偏驶。

样机试制完成后，除进行最小转弯半径和行驶直线性试验外，还对样机进行了开沟施肥回填、葡萄埋藤、防寒土清除、旋耕等动力消耗较大的作业试验，通过田间试验发现，整机操控性能，基本作业性能均达到设计要求，本机的作业能耗成本大幅度降低，大大提高了果园机械作业的经济效益。

第十章　采后处理与保鲜

第一节　采后处理与贮藏

一、葡萄果实采后生理

研究表明，在葡萄采后呼吸代谢过程中，无论常温或冷藏条件下，无梗果粒均属非呼吸跃变型果实，而果穗与果梗属呼吸跃变型。巨峰葡萄穗轴与果梗的呼吸强度是果粒的10～15倍，并具有呼吸高峰，巨峰葡萄在高于25℃条件下贮藏时，由于穗轴与果梗呼吸的影响，整穗葡萄呼吸代谢变为跃变型，在低于25℃条件下贮藏时，整穗葡萄呼吸强度变化较小，表现为非跃变型。葡萄在贮藏期间蒸发失水约为呼吸失水的10倍，失水3%～6%就会明显降低葡萄的品质，使其表面皱缩、光泽消退、细胞空隙增多、组织变成海绵状，使正常的呼吸作用受到影响，加快组织衰老，削弱了葡萄果实的耐藏性和抗病性。采后果粒脱落是葡萄贮藏过程中存在的主要问题，严重影响其商品价值。果粒脱落的重要原因是组织对乙烯的敏感性，这种敏感性首先受到内源生长素含量的影响，生长素越多，脱落区细胞对乙烯的敏感性越差；生长素含量降低，导致脱落区细胞对乙烯敏感性增强，同时脱落酸对果粒脱落有独立的作用过程。通常通过调控乙烯和脱落酸的含量来解决葡萄脱粒。

二、采前因素对葡萄果实贮藏性的影响

（一）产量

果实贮藏品质及耐贮性与产量有密切的关系。用于贮藏的

葡萄一般每667米^{2}不宜超过2 000千克，最好控制在1 500千克左右，含糖量应达到15%～18%，在这个产量幅度和糖度范围内，葡萄贮藏期可达6个月左右。

（二）肥水管理

合理施肥、灌溉，做好树体管理、田间管理可提高葡萄的耐贮性。用做贮藏的果园要多施有机肥和磷、钾肥，过量施用氮肥不适于贮藏；山坡、丘陵、旱地沙壤土栽培的葡萄适于长期贮藏；采前对果实喷钙，如1%的$Ca(NO_3)_2$，有利于增加葡萄的耐贮性；灌水次数较多的葡萄其耐贮性不如旱地栽培。采前10～15天应停止灌溉；采前3～10天用植物生长调节剂等处理，喷布乙烯利等催熟剂的果穗不能用作长期贮藏。

（三）病虫害防治

加强病虫害防治也可提高葡萄的耐贮性。套袋能有效减少果实病害，提高耐贮性；采前喷一次杀菌剂，如甲基硫菌灵800倍液或多菌灵600～800倍液，有助于提高葡萄的耐贮性。

三、葡萄果实的采收与贮藏

（一）采收

用于贮藏的葡萄应在充分成熟时采收，在不发生冻害的前提下可适当晚采，采前15～20天须停止灌水，使葡萄含糖量增高。选择天气晴朗、无风、气温较低的上午或傍晚果面无露水时采收，阴雨、大雾天不宜采收，采前如下过雨，应推迟1周左右再采收。采收时剪下果穗，剔除果穗上的病虫害果，轻拿轻放，避免机械损伤，而且尽量保护果实表面的果粉。一般成熟后不落粒的品种，采收越晚耐贮藏性越强。采收时葡萄串上要没有可见真菌侵蚀病斑，洁净无水痕，葡萄粒在穗轴上尽可能具有相同间距，蜡粉均匀分布，穗轴呈绿色，果粒饱满，外有白霜，颜色较深且鲜艳。

1. 采收标准　果粒停止增大，浆果有弹性、具光泽；果皮变成品种特有的颜色，穗轴变褐；果穗要新鲜健壮，无病虫害侵染，无水罐子病，无日烧病，无机械伤害，洁净，无附着外来水分和药物残留，严禁带有水迹和病斑的果穗入库；风味甜酸适口、香味浓郁；葡萄上色均匀（不同的葡萄成熟时的色泽不一样，由品种而定）；可溶性固形物含量达15%～18%。具体见表10-1至表10-4。

表10-1　鲜食葡萄的着色度等级标准

（中华人民共和国农业行业标准　鲜食葡萄　NY/T 470—2001）

着色程度	每穗中呈现良好的特有色泽的果粒		白色品种
	黑色品种	红色品种	
好	≥95%	≥75%	
良好	≥85%	≥70%	达到固有色泽
较好	≥75%	≥60%	

表10-2　鲜食葡萄的等级标准

（中华人民共和国农业行业标准　鲜食葡萄　NY/T 470—2001）

项　目	优等	一等	二等
果穗基本要求	果穗完整、洁净、无异常气味，不落粒，无水罐，无干缩果，无腐烂，无小青粒，无非正常的外来水分，果梗、果蒂发育良好并健壮、新鲜、无伤害		
果粒基本要求	充分发育；充分成熟；果形端正，具有本品种固有特征		
果穗基本要求			
果穗大小（千克）	0.4～0.8	0.3～0.4	<0.3或>0.8
果粒着生紧密度	中等紧密	中等紧密	极紧密或稀疏
果粒基本要求			
大小（千克）	≥平均值的115%	≥平均值	<平均值
着色	好	良好	较好
果粉	完整	完整	基本完整
果面缺陷	无	缺陷果粒≥2%	缺陷果粒≥5%
二氧化硫伤害	无	受伤果粒≥2%	受伤果粒≥5%
可溶性固形物含量	≥平均值的115%	≥平均值	<平均值
风味	好	良好	较好

表10-3 我国代表性鲜食葡萄品种的平均果粒重和可溶性固形物含量

品 种	平均单粒重（克）	每100毫升可溶性固形物含量（克）	品 种	平均单粒重（克）	每100毫升可溶性固形物含量（克）
玫瑰红	5.0	17	圣诞玫瑰	6.0	16
无核白	2.5	19	泽香	5.5	17
瑞必尔	8.0	16	京秀	7.0	16
秋黑	8.0	17	绯红	9.0	14
里扎马特	10.0	15	木纳格	8.0	18
牛奶	8.0	15	巨峰	10.0	15
藤稔	15.0	14	无核白鸡心	6.0	15
红地球	12.0	16	京亚	9.0	14
龙眼	6.0	16			

注：表中数据为该品种在主栽区的平均值；部分品种为处理果实的数据。未列入的其他品种，可用其主产区3年的平均值。

表10-4 部分葡萄品种入库前理化指标

品 种	可溶性固形物（%）≥	总酸量（酒石酸）（%）≤	固酸比
里扎马特	15	0.62	24.2
巨峰	14	0.58	24.1
玫瑰香	17	0.65	26.2
保尔加尔	17	0.60	28.3
红大粒	17	0.68	25.0
牛奶	17	0.60	28.3
意大利	17	0.65	26.2
红地球	16	0.55	29.1
红鸡心	18	0.65	27.7
龙眼	16	0.57	28.1
黄金钟	16	0.55	29.0
泽香	18	0.70	25.7
吐鲁番红葡萄	19	0.65	29.2

2. 采收方法 采用剪刀，手抓果梗剪下，并将病果、伤果、小粒、青粒等一并疏除，轻拿轻放，避免碰伤果穗、穗轴和擦

掉果霜，然后将果穗平放在衬有3~4层纸的箱或筐中。另外，容器要浅而小，以能放3~5千克浆果为好。果穗装满后，迅速运往保鲜库，禁止果穗在阳光下直晒。

（二）包装

采用田间直接采摘分级包装，人为过多接触葡萄，容易造成葡萄不同部位的机械损伤、掉粒、裂果、果梗容易失水、干枯，影响保鲜效果。因此，在田间直接采摘分级包装效果较好。

（三）预冷

葡萄采后必须快速预冷，快速预冷可以有效而迅速地降低果穗呼吸强度，延缓贮藏中病菌的危害与繁殖。另外，快速预冷，还可以防止果梗干枯、失水、阻止果粒失水萎蔫和落粒，从而达到保持葡萄品质的目的。目前，预冷方式主要是在装有吊顶风机的冷库内进行，将库温设定在−1~0℃，预冷20~24小时，待葡萄果温降到0℃时码垛入贮。预冷时，应采取分批次进果或者配备专用预冷库间，使葡萄果温迅速下降，预冷速度越快，预冷越彻底，袋内结露越小，贮藏效果越好。

（四）保鲜剂的投放与封口

依据不同品种、不同包装投放不同剂量的保鲜剂，一般采用SO_2防腐保鲜剂，如CT-2系列保鲜剂，每包保鲜剂可保鲜葡萄0.5~1.0千克。必须等葡萄完全预冷后才能进行封口，否则会在葡萄贮藏期间产生结露，造成葡萄腐烂、霉变。

（五）葡萄的最佳贮藏条件

1. **温度**　温度是影响葡萄贮藏效果最重要的环境因素。低温贮藏不仅能抑制果实的呼吸作用，还能降低乙烯的生成量和释放量，同时可以抑制致病菌的生长繁殖，避免褐变腐烂，有利于葡萄的保鲜。一般来说，葡萄贮藏的适宜温度为−2~0℃，不同葡萄品种最适冷藏温湿度见表10-5。

2. **湿度**　贮藏期间库房内相对湿度保持在90%~95%。塑料大帐内的相对湿度不得低于90%。为防止袋内湿度过大，水珠与葡萄接触，可在袋内放吸水纸。

表10-5 不同葡萄品种贮藏最适温湿度

中文名	外文名或拼音名称	别名	贮藏温度（℃）	相对湿度（%）
玫瑰露	Delaware	地拉洼	0～−1	90～95
巨峰	KyoHo		0～−1.5	90～95
玫瑰香	Muscat Hambury	紫玫瑰香	0～−1	90～95
牛奶	Niunai	宣化白葡萄、玛瑙、妈妈葡萄	0～−1	90～95
保尔加尔		白莲子	0～−2	90～95
意大利	Italia		0～−2	90～95
红大粒	Black Hambury	黑汗、黑罕、黑汉堡	0～−1.5	90～95
新玫瑰	NeoMuscat	白浮士德	0～−1.5	90～95
伊丽莎白	Elizabeth grape		0～−1.5	90～95
瓶儿葡萄			0～−1.5	90～95
粉红太妃	Taifi rose		0～−1.5	90～95
无核白	Thompsons Seedless	阿克基什米什、无籽露、吐尔封	0～−2	90～95
龙眼		秋紫	0～−2	90～95
黄金钟	Golden Queen	金后、中秋节	0～−1.5	90～95
红鸡心		紫牛奶	0～−1.5	90～95
红蜜		富尔玛、洋红蜜	0～−2	90～95
粉红葡萄	Flame Tokay	西林	0～−1.5	90～95
泽香	Zeixiang		0～−2	90～95
尼木兰格	Humpahr	尼木兰	0～−2	90～95
吐鲁番红葡萄			0～−2	90～95

3. 气体成分 巨峰葡萄采用PVC袋贮藏，袋内CO_2 8%～12%、$O_2 < 12\%$时，能起到明显自发气调作用，表现为果梗鲜绿、饱满、果肉硬、色泽紫红亮丽、保鲜效果极佳；玫瑰香较耐CO_2，当CO_2浓度为8%～12%时可明显抑制葡萄腐烂和脱粒，好果率高，最佳气体指标为10% O_2+8% CO_2；红地球

以2%～5% O_2，0～5% CO_2贮藏效果最好；藤稔对CO_2敏感。

四、葡萄主要的贮藏方法

（一）冷库贮藏

冷库贮藏主要采用塑料薄膜袋或大帐的贮藏方式，两种贮藏方式工艺稍有不同。保持低而稳定的温度是冷库贮藏的技术关键，温度控制不严，上下波动幅度太大，易引起袋或帐内湿度过大甚至造成积水，容易造成腐烂和药害。

1. 塑料薄膜袋贮藏工艺　适期晚采→分级、修穗→田间直接装入内衬薄膜袋的箱内→敞口预冷至0℃→放入防腐剂→扎口上架或码垛贮藏。采用塑料薄膜袋贮藏，贮藏期间，若袋内结露严重，必须开袋放湿，无结露后再扎袋贮藏，否则加重腐烂，缩短贮期。

2. 塑料薄膜大帐贮藏工艺　采收→分级、修穗→装箱（木箱或塑料箱）→预冷至0℃→上架或码垛→密封大帐→定期防腐处理。利用自发气调保鲜技术（MA）将在葡萄贮藏保鲜中发挥更大的作用。

（二）保鲜剂的应用

当前国内外应用的葡萄防腐保鲜剂主要是SO_2制剂。SO_2气体对葡萄贮藏中常见的真菌有较强的抑制作用，而且还可以降低葡萄的呼吸强度，有利于保持果实的营养和风味。

1. SO_2定期熏蒸法　按库内每立方米容积用硫黄3～5克，加少许酒精或木屑点燃后密闭1小时，贮藏前期，每10～15天熏蒸一次，贮藏后期每30天熏蒸一次，每次熏蒸完毕后，要打开库门通风换气或揭帐换气。

2. SO_2缓慢释放法　缓慢释法有粉剂、片剂等形式。

（1）重亚硫酸氢钠粉剂。将重亚硫酸氢钠与硅胶按（2～3）：1的比例混合，用牛皮纸或小塑料薄膜（使用时需用针扎眼）包成2～3克的小袋，按葡萄总量0.3%（巨峰、龙眼等）的比例放入密封袋或帐中。此方法制作容易，但粉剂容易吸潮，二氧化硫释放速度较快，使用时应注意。

（2）焦亚硫酸盐混合片剂。焦亚硫酸钠和焦亚硫酸钾按1：1比例混合，加入1%淀粉或糊精，1%硬脂酸钙加工成一定重量（通常每片0.5～0.6克）的片剂，按每千克4片的用量（巨峰、龙眼等，一般每小包2片或4片）放入薄膜袋、帐内中、上部，由于采取塑料薄膜包装，使用时需用大头针扎6～8个小孔，药片吸收潮气，缓慢释放出二氧化硫，达到防腐保鲜的效果。

（三）冰温贮藏

冰温贮藏是指在0℃以下温度中贮藏而又不使果实发生冻害的方法。在冰温条件下，葡萄的生理代谢降到很低程度，但又能维持正常的新陈代谢，不易产生冻害和腐烂，这有利于葡萄的长期贮藏。一般情况下，葡萄含糖量愈高，冰点愈低，大部分葡萄品种在-2℃时不会结冰，甚至在极轻结冰之后，葡萄仍能恢复新鲜状态。关键在于库温的精准控制和葡萄冰点的确定。冰温贮藏后的出库方式以三段过度出库法最好，即0℃→10℃→20℃→室温。

第二节 主要贮藏病害

一、二氧化硫伤害

1. 病害症状 葡萄果粒被漂白，果面无光泽。红色品种变成浅红色，白色品种果皮变成灰、褐色。葡萄果实伤口和果蒂部位首先表现出该症状，然后扩大到整个果粒，严重时整个果穗，包括穗梗和果柄均被漂白。

2. 发病条件 用药过量，受伤害的葡萄遇高温即褐变。

3. 防治措施

（1）根据不同品种对二氧化硫敏感程度，掌握好合理的使用浓度。

（2）采用塑料帐、袋尤其是薄膜袋贮藏的葡萄一定要预冷，贮藏过程中，库内温度要稳定，库温波动不得超过 ±1℃，否则因袋内湿度过大，二氧化硫缓释剂吸潮快，促使二氧化硫释放加快，进而引起伤害。

（3）若发现已产生药害，应立即开袋（帐）通风换气，严重时终止贮藏。

二、灰霉病

1.病害症状 侵染后果面出现褐色凹陷，呈圆形病斑，使果粒明显裂纹，轻压可"脱皮"，很快整个果实软腐，长出鼠灰色霉层，果梗变黑色。

2.发病条件 病菌先侵染花柱头，呈潜伏状态或伤口侵入。在0℃下10天左右发病，−1℃仍缓慢生长。

3.防治措施 花期前、后及采前喷布甲基硫菌灵或苯菌灵、噻菌灵；入贮时使用葡萄防腐剂；库温低于−1℃。

三、青霉病

1.病害症状 果粒上形成圆形或半圆形凹斑，果皮皱缩，果实软化，果实呈透明浆状物，有霉味，霉菌呈白色，后期出现青霉。

2.发病条件 采收搬运中造成的机械损伤或裂果处发病。0℃温度下发病很缓慢。

3.防治措施 防止机械损伤发生；贮藏温度低于0℃以下；使用葡萄防腐剂。

四、交链孢霉腐病病原

1.病害症状 侵染后在果刷内生长呈棕褐色或深褐色的坏死斑，后期患病果粒从果穗上脱落。

2.发病条件 田间下雨，特别是采收季节前降水，交链孢霉菌就侵入果柄与果实连接的纤维组织。

3.防治措施 采前防雨，喷药；0℃以下贮藏；使用葡萄防腐剂。

五、芽枝孢霉腐病病原

1.病害症状 侵染后果梗顶端或侧面产生黑色坚硬腐烂病斑，果粒侧面呈扁平状或皱缩状，出库几天即出现绿色的霉层。

2.发病条件 伤口侵染或在果梗末端小的裂纹处入侵（4～13℃发病）。

3.防治措施 入库前清除病、伤果粒；使用葡萄防腐剂。

六、根霉腐败病病原

1.病害症状 变软，果汁流出，常温下长出粗白色丝体（黑色），冷藏下，烂果呈灰色或黑色团。

2.发病条件 伤口侵入，预冷不好，库温过高引起；或粗暴装卸。

3.防治措施 加强果园管理；预冷要好。

七、黑腐病

1.病害症状 果粒开始呈紫褐色，后变黑软腐，最后病果粒失水干缩。

2.发病条件 潜伏侵染或伤口侵染。预冷不佳，码垛过于密集，散热慢，果穗温度高发病。

3.防治措施 加强果园管理；预冷要好。

八、白腐病

1.病害症状 果粒基部变淡褐色软腐，果粒密布灰白色小粒点，全穗腐烂，果梗干枯缢缩。

2.发病条件 潜伏或带入库内，库温高发病。

3.防治措施 进入雨季初（7月上旬至中旬）每隔7～15天喷一次防病药；严格控制库温。

参 考 文 献

贺普超, 2001. 葡萄学. 北京: 中国农业出版社.

孔庆山, 2004. 中国葡萄志. 北京: 中国农业科学技术出版社.

刘凤之, 段长青, 2013. 葡萄生产配套技术手册. 北京: 中国农业出版社.

马国瑞, 石伟勇, 2002. 果树营养失调症原色图谱[M]. 北京: 中国农业出版社.

全国农业技术推广服务中心, 2010. 果树轻简栽培技术[M]. 北京: 中国农业出版社.

史祥宾, 刘凤之, 程存刚, 等, 2015. 不同叶幕形对设施葡萄叶幕微环境、叶片质量及果实品质的影响. 应用生态学报, 26(12): 3730-3736.

史祥宾, 王海波, 王孝娣, 等, 2016. 自然生草对巨峰葡萄产量和品质及枝条贮藏营养的影响. 中外葡萄与葡萄酒(4): 14-17.

王宝亮, 王海波, 王孝娣, 等, 2013. 花序整形对夏黑葡萄产量和果实品质的影响. 中国果树(5): 36-39.

王宝亮, 王海波, 王孝娣, 等, 2013. 植物生长调节剂对夏黑葡萄果实品质的影响. 中外葡萄与葡萄酒(2): 35-37.

王海波, 郝志强, 刘凤之, 等, 2013. 适于果园全程机械化生产的配套农机装备. 果农之友(3): 35-36.

王海波, 李伟英, 刘凤之, 等, 2012. 葡萄机械埋土防寒选用的树形和叶幕形. 果树实用技术与信息(9): 27-29.

王海波, 刘凤之, 王孝娣, 等, 2013. 关于果园机械化生产农艺农机融合的研究. 农业技术与装备(3): 16-20.

王海波, 刘凤之, 王孝娣, 等, 2013. 我国果园机械研发与应用概述. 果树学报, 30(1): 165-170.

王海波, 王孝娣, 郝志强, 等, 2013. 我国葡萄栽培科研进展. 中国果树(1): 62-64, 67.

王海波, 王孝娣, 姚秀业, 等, 2011. 氨基酸硒叶面肥在玫瑰香葡萄上的应用效果. 中外葡萄与葡萄酒(5): 47-49.

王志强, 王海波, 刘凤之, 等, 2015. 前置式防寒土清除机的研制与试验. 中国农机化学报(6): 88-91, 107.

王志强, 张敬国, 郝志强, 等, 2015. 葡萄埋藤防寒机的研制与试验. 中国农机化学报(5): 20-23, 28.

 **王海波** 1978年3月出生，山东安丘人，2000年7月毕业于山东农业大学园艺学院果树专业，获学士学位并获山东省优秀本科毕业生称号；2006年7月毕业于新疆农业大学园艺学院果树专业，获果树学硕士学位并获新疆农业大学优秀毕业生称号；2006年9月到中国农业科学院果树研究所从事果树栽培技术研究工作，现任中国农业科学院果树研究所果树应用技术研究中心副主任（主持工作），副研究员，葡萄课题组副组长，果树研究所科研第二党支部书记。参加工作以来，在中国农业科学院果树研究所果树应用技术研究中心主要从事葡萄栽培与生理的科研与技术推广工作，为国家葡萄产业技术体系栽培研究室东北区栽培岗位研发团队骨干成员和中国农业科学院创新工程浆果类果树栽培与生理科研团队首席业务助理，主要研究方向为葡萄栽培与生理和果园机械化生产。主要工作业绩为经多年研究建立了完善的设施葡萄栽培理论与技术研究体系，在栽培设施设计、品种选择、高光效省力化树形和叶幕形、休眠调控、肥水高效利用和葡萄无土栽培、品质调控和功能果品生产、连年丰产等方面取得了开创性成果，其中葡萄无土栽培为世界首创，同时研发出葡萄埋藤防寒机和设施园艺简易放风装置等果园系列机械设备14台套和氨基酸水溶性果树叶面肥及葡萄全营养配方肥等新产品2项。先后主持或参加国家、省部或地方科研课题16项，"果园（葡萄）小型实用新型机械设备的研发与应用"科技成果于2013年12月20日通过农业部科教司组织的成果鉴定，一致认为该成果达国际先进水平，"富硒果品生产技术研究与示范"科技成果于2016年获华耐园艺科技奖、"富硒功能性保健果品及其加工品生产技术研究与示范"科技成果于2016年获葫芦岛市科学技术一等奖，参与育成葡萄新品种——华葡1号和桃新品种——中农寒桃1号，主编或参编《设施葡萄促早栽培实用技术手册》和《葡萄生产配套实用技术手册》等科技著作6部，获得国家发明专利4项，实用新型专利16项，申请国家发明专利4项，实用新型专利2项，其中"含硒、锌或钙的果品叶面肥"和"一种生物发酵氨基酸葡萄叶面肥"以100万元转让给北京禾盛绿源科贸有限公司、"一种确定果树配方肥配方的方法"以200万元价格授权石河子市郁苾生物肥料有限公司在新疆生产建设兵团范围内实施。在《中国农业科学》《应用

生态学报》《园艺学报》《果树学报》和《中国果树》等核心期刊上发表论文90多篇，制定《葡萄埋藤机 质量评价技术规范》农业行业标准1项。个人先后被授予中国农业科学院优秀共产党员、中国农业科学院十佳青年和辽宁省葫芦岛市劳动模范等荣誉称号，所在团队被授予中国农业科学院青年文明号荣誉称号，所在党支部被授予2013年度中国农业科学院先进党支部荣誉称号。

 **刘凤之** 1963年7月出生，山东茌平人，1984年7月毕业于南京农业大学园艺系果树专业，现任中国农业科学院果树研究所所长，二级研究员，硕士研究生导师，兼任第十一届全国政协委员，中国园艺学会常务理事，果树专业委员会主任，农业部果树专家技术指导组副组长，中国农学会葡萄分会副会长，中国农业科学院第五、六届学术委员会委员，中国农业科学院果树栽培与生理学科三级岗位杰出人才，国家葡萄产业技术体系栽培研究室主任，中国农业科学院创新工程浆果类果树栽培与生理科研团队首席。多年从事果树栽培与生理的科研与成果转化工作，曾先后主持国家、部、省、市科研课题20多项。1991年获农业部科技进步三等奖一项，2007年获中国农业科学院科技进步一等奖和辽宁省葫芦岛市级科技进步一等奖各一项，2008年获北京市科技进步一等奖，2009年获国家科技进步二等奖和辽宁省科技进步三等奖各一项，2010年获中国农业科学院科技进步一等奖一项，2016年获华耐园艺科技奖和葫芦岛市科学技术一等奖各一项，主编《葡萄优质高效栽培》和《设施葡萄促早栽培实用技术手册》等科技著作10部，获得国家发明专利4项，实用新型专利16项，申请国家发明专利4项，实用新型专利2项，研发出葡萄埋藤防寒机和设施园艺简易放风装置等果园系列机械设备14台套和氨基酸水溶性果树叶面肥等新产品2项，主持制订农业部行业标准2项，在应用生态学报、果树学报、中外葡萄与葡萄酒等核心期刊上共发表论文100多篇，育成葡萄新品种——华葡1号和桃新品种——中农寒桃1号，2003年和2006年分别获全国农业科技普及先进个人和科技部科技星火计划项目实施先进个人等多项荣誉称号。

图书在版编目（CIP）数据

鲜食葡萄标准化高效生产技术大全:彩图版 ／ 王海波，刘凤之主编． —北京：中国农业出版社，2018.1（2019.8重印）

ISBN 978-7-109-23434-5

Ⅰ．①鲜… Ⅱ．①王… ②刘… Ⅲ．①葡萄栽培 Ⅳ．①S663.1

中国版本图书馆CIP数据核字（2017）第250875号

中国农业出版社出版

（北京市朝阳区麦子店街18号楼）

（邮政编码 100125）

责任编辑 黄 宇 李 蕊

北京通州皇家印刷厂印刷 新华书店北京发行所发行

2018年1月第1版 2019年8月北京第2次印刷

开本：850mm×1168mm 1/32 印张：6.75

字数：180千字

定价：36.00元